国家自然科学基金黄河水科学研究联合基金项目
"黄河源区高分辨率雨量场构建与多尺度气象水文预报"
（U2243229）资助

黄河流域降水特征与成因研究

刘　静　靳莉君　著

U0311894

气象出版社
China Meteorological Press

内容简介

本书在介绍黄河流域年平均降水、暴雨及降水极值特征的基础上,进一步对流域不同区间的降水及其环流背景进行了描述,其中包括兰州以上连阴雨气候特征及大气环流背景和前兆信号、黄河中游暴雨环流分型及物理量诊断分析、三花区间热带气旋暴雨特征及其环流配置等内容,最后对黄河流域 2010 年以来的典型致洪降水过程进行个例分析。本书可供从事黄河流域气象预报的业务技术人员以及相关科研人员使用,也可为对黄河流域降水有浓厚兴趣的读者们提供便利。

图书在版编目(CIP)数据

黄河流域降水特征与成因研究 / 刘静,靳莉君著.
北京 : 气象出版社,2024. 11. -- ISBN 978-7-5029
-8354-3

Ⅰ. P426.6

中国国家版本馆 CIP 数据核字第 2024AK3333 号

黄河流域降水特征与成因研究
Huanghe Liuyu Jiangshui Tezheng yu Chengyin Yanjiu

出版发行:气象出版社

地　　址:北京市海淀区中关村南大街 46 号		邮政编码:100081	

电　　话:010-68407112(总编室)　010-68408042(发行部)

网　　址:http://www.qxcbs.com	E-mail:qxcbs@cma.gov.cn
责任编辑:张　媛	终　　审:张　斌
责任校对:张硕杰	责任技编:赵相宁

封面设计:艺点设计

印　　刷:北京建宏印刷有限公司

开　　本:787 mm×1092 mm　1/16	印　　张:8
字　　数:205 千字	
版　　次:2024 年 11 月第 1 版	印　　次:2024 年 11 月第 1 次印刷
定　　价:55.00 元	

本书如存在文字不清、漏印以及缺页、倒页、脱页等,请与本社发行部联系调换。

序　言

黄河是全国第二长河,是中华民族的母亲河,发源于青藏高原,呈"几"字形流经 9 省(区)后注入渤海。黄河流域是我国重要的生态屏障和经济地带,在我国经济社会发展和生态安全方面具有十分重要的地位。2019 年,习近平总书记主持召开黄河流域生态保护和高质量发展座谈会,强调要加大力度治理黄河、保护黄河。然而,洪涝灾害始终制约着流域沿岸各地经济的发展。历史上,黄河三年两决口、百年一改道,给沿岸人民生命财产造成重大损失,新中国成立以来黄河治理取得了巨大成就,但洪水风险仍然是流域的最大威胁。由于受季风影响显著,黄河流域降水季节分布极度不均,多集中于伏秋大汛期,降水量约占全年总量的 70%,汛期黄河上游的持续阴雨天气以及黄河中游的频发重发暴雨天气会给流域带来严重洪灾。对黄河流域降水尤其是强降水的特征及其成因进行系统研究和分析,有利于提高流域降水预报水平,对防灾减灾和水资源高效利用具有重要意义,但有关这方面的专著相对较少。因此,《黄河流域降水特征与成因研究》一书的出版,对从事黄河流域气象预报的工作人员而言是非常及时的。

本书的作者来自黄河水利委员会水文局,她们是从事黄河流域气象预报十余年的一线工作人员,具有丰富的实践经验,同时,她们参与了多项国家自然科学基金、国家重点研发计划以及省部级科研项目,并取得了丰硕的成果。本书是作者多年预报经验以及科研工作的总结,内容翔实,循序渐进,深入分析了黄河流域降水的气候特征,系统研究了兰州以上连阴雨以及黄河中游暴雨的特征和环流背景,全面梳理和归纳了黄河中游三花区间热带气旋暴雨的时空分布和环流配置,最后对近年来黄河流域典型致洪降水过程进行了研究,整本书具有较好的连续性和一致性。此外,本书内容具有创新性和实用性,例如,第 2 章在对诸多连阴雨地方标准和流域标准进行调研的基础上,结合兰州以上气候和径流特征,首次提出了兰州以上连阴雨标准,这对生产实践中连阴雨的监测和预报有重要意义;第 4 章对历史上三花区间热带气旋暴雨进行了分离和分类,建立了各类暴雨的天气学概念模型,可为三花区间热带气旋暴雨预报提供参考依据。书中还包含了大量兰州以上连阴雨以及黄河中游暴雨个例,为今后黄河流域降水预报业务和科研工作的开展提供了丰富的基础性资料。

本书重点明确、特点鲜明、内容丰富、创新性显著,是一本可读性强的专著。希望该书的出版能够加深相关人员对黄河流域降水特征及其气象成因的认识,从而有助于推动黄河流域降水预报技术的发展和进步,进一步为黄河流域防灾减灾和水资源管理提供科学的决策依据。

2024 年 9 月 15 日

前　　言

　　黄河是我国西北、华北地区重要的水源,以其占全国 2.2％的径流量承担着全国 15％的耕地和 12％人口的供水任务。降水是黄河流域水资源的主要来源,影响着流域内水资源的时空分布和利用格局。受地形地貌以及大气环流影响,流域内降水东南多、西北少,且具有季节分布不均、年际变化大的特点。黄河流域强降水同样呈现出明显的区域特征,黄河干流唐乃亥水文站断面以上的黄河源区降水以连阴雨为主,即降水强度不大,很少达到 50 mm/d,但历时长、笼罩面积大、累计雨量大,常造成唐乃亥水文站或兰州水文站出现编号洪水;黄河中游地区暴雨强度大、历时短、局地性强,加之该地区大部分为黄土高原,沟壑纵横、支流众多、土壤抗蚀性差,是黄河流域成灾洪水的主要来源区。加强对黄河流域不同区域降水特征及其气象成因的认识,进一步提高黄河流域降水预报能力和预报水平,为流域洪水预报和防洪减灾提供有力的科技支撑,是撰写本书的主要目的所在。

　　本书集中反映了作者数年来在黄河流域降水预报方面的经验和成果。第 1 章从年平均降水量、暴雨以及降水极值系统分析了黄河流域降水的气候特征。第 2 章在定义兰州以上连阴雨标准的基础上,研究了兰州以上连阴雨的时空分布以及不同持续时间降水对连阴雨的贡献,揭示了连阴雨异常年的同期气候特征与前兆信号,系统归纳了影响强连阴雨的关键天气系统,并提出了强连阴雨的中期预报指标。第 3 章阐述了引发黄河中游暴雨的天气系统,针对夏汛期和秋汛期,分别归纳构建了暴雨发生的天气系统配置,并确立了相应的物理量定量预报指标。第 4 章着重探讨了热带气旋(TC)对三花区间暴雨的影响,在分离三花区间 TC 暴雨的基础上,全面系统地研究了影响 TC 的源地、强度、移动路径、产生暴雨时中心位置以及 TC 暴雨的时空分布特征,进一步依据影响 TC 的移动路径,将三花区间 TC 暴雨进行分类,构建了各类 TC 暴雨的天气学概念模型。第 5 章针对黄河流域 2010 年以来的典型致洪强降水过程进行复盘分析,剖析了强降水发生的气象成因。本书由国家自然科学基金黄河水科学研究联合基金项目"黄河源区高分辨率雨量场构建与多尺度气象水文预报"(U2243229)资助,由黄河水利委员会水文局刘静、靳莉君共同撰写。

　　相信本书的出版,将为深入认识黄河流域降水特征及其成因提供宝贵而丰富的资料,为黄河流域水旱灾害防御和水资源节约、集约提供科学依据。但由于作者学识、见解有限,还有很多研究内容和方法不够成熟和完善,仍需我们继续努力,文中措辞的不当之处,敬请广大读者批评指正。

作者

2024 年 5 月

目　　录

第 1 章　黄河流域降水特征

　　黄河发源于青藏高原巴颜喀拉山北麓约古宗列盆地,干流全长 5464 km,流经青海、四川、甘肃、宁夏、内蒙古、陕西、山西、河南、山东 9 省(区)。流域总面积 79.5 万 km²,横跨青藏高原、内蒙古高原、黄土高原和华北平原。各地气候差异明显,东南部基本属半湿润气候,中部属半干旱气候,西北部属干旱气候(胡一三 等,2021)。降水作为黄河流域水资源的主要制约因素,受地形地貌及季风气候的影响,在流域内部呈现明显的空间异质性(张金萍 等,2022)。

1.1　年平均降水时空分布

　　从黄河流域降水量年内分配(表 1.1)中可以看出,黄河流域平均年降水量为 488.3 mm。降水量年内分配极不均匀,汛期(6—9 月)降水量贡献了全年降水量的 68.6%,其中,7 月降水量最多,占全年降水量的 21.5%,其次是 8 月,占 19.8%,12 月降水量最少,不到全年降水量的 1.0%。从年降水量时间序列(图 1.1)上看,最大值出现在 2003 年,为 670.2 mm,最小值出现在 1997 年,为 346.6 mm。1971—2020 年,黄河流域年降水量呈现不显著的增加趋势,气候倾向率为 2.6 mm/(10a)。

表 1.1　黄河流域多年平均降水量年内分配情况

	1 月	2 月	3 月	4 月	5 月	6 月	7 月	8 月	9 月	10 月	11 月	12 月	6—9 月	年
降水量/mm	4.5	7.1	15.1	28.0	46.7	62.6	105.1	96.6	70.8	35.0	13.1	3.7	335.1	488.3
占全年降水量的百分比/%	0.9	1.4	3.1	5.7	9.6	12.8	21.5	19.8	14.5	7.2	2.7	0.8	68.6	100.0

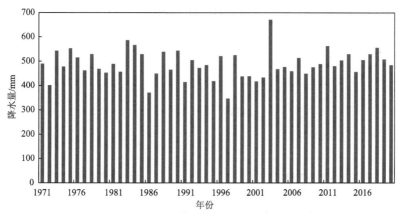

图 1.1　1971—2020 年黄河流域年平均降水量逐年演变

图 1.2a 为 1971—2020 年黄河流域年平均降水量空间分布。从图中可以看出,年降水量整体呈现由东南向西北递减的分布特征。东南多雨,属于半湿润气候,西北干旱少雨。降水量最多的地区位于黄河源区的久治、红原和大汶河中上游,年降水量均超过 700 mm,降水量最少的地区位于兰托区间,年降水量大多在 300 mm 以下。对研究区内测站的年平均降水量进行排序,最大值出现在山东境内的泰山站,年降水量达 1052.2 mm,其次是河南境内的栾川站,年降水量为 817.5 mm,最小值出现在内蒙古境内的乌斯太站,年降水量仅 153.7 mm,最大值与最小值之间相差近 6 倍。黄河流域多年平均年降水日数的空间分布(图 1.2b)与年降水量略有差异,降水日数最多的区域位于兰州以上,达 100 d 以上,其中最大值出现在四川红原站,达 170 d;降水日数次多区位于泾渭洛河和三花区间,大多为 80～120 d;降水日数最少的区域位于兰托区间,大多为 60 d 以下,其中最小值出现在内蒙古五原站和伊克乌素站,均为 42 d。

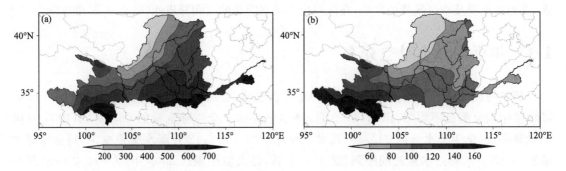

图 1.2　1971—2020 年黄河流域年平均降水量(a,单位:mm)和降水日数(b,单位:d)空间分布

1.2　暴雨时空分布

黄河流域年平均暴雨日数在空间上表现为自东南向西北递减。黄河下游金堤河年平均暴雨日数为 1.6～2 d,大汶河为 2 d 以上。黄河中游三花区间年平均暴雨日数为 0.8～1.6 d,中游其他区域大多为 0.4～0.8 d。黄河上游年平均暴雨日数大多为 0.4 d 以下(图 1.3a)。黄河流域暴雨累计雨量的空间分布与年平均暴雨日数基本一致,黄河下游为 6000 mm 以上,其中大汶河达 8000 mm 以上;中游除三花区间大部为 4000～6000 mm,其他区域大部为

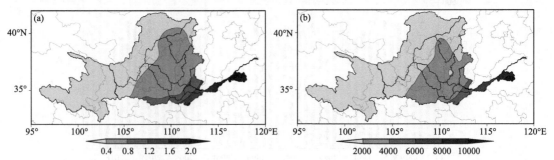

图 1.3　1971—2020 年黄河流域年平均暴雨日数(a,单位:d)和累计暴雨雨量(b,单位:mm)分布

2000～4000 mm;上游为 2000 mm 以下(图 1.3b)。

　　黄河流域暴雨通常出现在 4—10 月,主要集中发生在 7—8 月,这两个月的暴雨日数占全年的 73%。从不同区间来看,黄河上游出现暴雨的日数很少,且几乎均发生于 7—8 月,中下游暴雨通常发生于 4—10 月,其中中游在 11 月、下游在 2—3 月和 11 月可能出现暴雨,7—8月中游和下游暴雨日数分别占全年的 74% 和 69%。统计 1971—2020 年各区间年平均暴雨日数的变化趋势发现,上、中、下游年平均暴雨日数均呈不显著的增加趋势。

1.3　降水极值分布

1.3.1　年降水量极值分布

　　黄河流域年降水量极大值的空间分布特征(图 1.4)与气候平均值的分布相似,也是从东南向西北递减。渭河中下游、伊洛河及大汶河的年降水量极大值达 1000 mm 以上,其中泰山站达 1766.3 mm,为该站多年平均降水量的 1.7 倍;黄河中游除渭河中下游和伊洛河以外,年降水量极大值为 600～1000 mm;黄河上游年降水量以黑河、白河最丰富,其中红原站年降水量极大值达 995.8 mm,兰托区间为 600 mm 以下,年降水量最匮乏的地区位于宁夏河段,其中惠农站年降水量极大值仅为 297.6 mm。

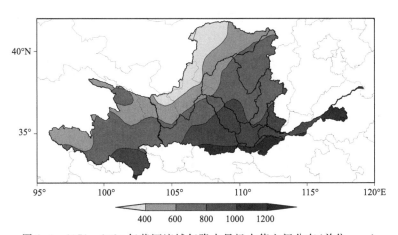

图 1.4　1971—2020 年黄河流域年降水量极大值空间分布(单位:mm)

　　对年降水量极大值出现站数及降水总量排名前 10 的年份进行统计,结果见表 1.2。2003 年出现年降水量极大值的站数最多,有 69 站,占全部站数的 27.1%。该年泾渭洛河和三花区间多地降水记录创历史新高,产生的原因主要与冷空气活动频繁以及西太平洋副热带高压偏强有关(王春青 等,2004)。其次是 2018 年和 1983 年,出现年降水量极大值的站数分别占全部站数的 9.8% 和 7.8%。值得注意的是,上述 3 个年份的年降水量分别为第一多、第五多和第二多,并且年降水量极大值出现站数前 10 的年份中有 7 年的年降水量同样位列前 10。此外,在 15 个没有出现年降水量极大值站点的年份中有 9 年的年降水量位列前 15少(表略)。由此可见,年降水量极大值出现站数偏多的年份,该年黄河流域总降水量也会偏多,换言之,黄河流域总降水量偏多的年份,出现局地极端降水的可能性比较大。

表 1.2　1971—2020 年年降水量极大值出现站数及降水总量排名前 10 的年份统计

年份	年降水量极大值出现站数/站	年份	年降水量/mm
2003	69	2003	670.2
2018	25	1983	586.0
1983	20	1984	566.0
2013	16	2011	562.8
2016	11	2018	556.0
1990	10	1975	552.8
1973	9	1990	543.6
1985	9	1973	542.9
2011	9	1988	538.9
1975	8	2014	529.6

1.3.2　日降水的极值分布

统计每个测站 1971—2020 年黄河流域汛期最大日降水量,结果见图 1.5。可以看出,从黄河上游到下游,日最大降水量从大雨→暴雨→大暴雨→特大暴雨逐渐增强(定义小雨为 0.1～9.9 mm/d,中雨为 10.0～24.9 mm/d,大雨为 25.0～49.9 mm/d,暴雨为 50.0～99.9 mm/d,大暴雨为 100.0～249.9 mm/d,特大暴雨为 ≥250.0 mm/d)。唐乃亥以上最大日降水量最少,大部地区最大日降水量不超过 75.0 mm。全河最大日降水量最小的站位于青海省循化,仅为 43.6 mm。尽管唐乃亥以上极端日降水强度不大,但从多年平均降水量(图 1.2)以及最大年降水量(图 1.4)上看,当地并不是全河年总降水量和极端年降水量最少的地区。事实上,由于该区远离海洋,受青藏高原阻挡,水汽输送受到很大程度的制约,不利于强降水过程的产生,但高原自身的作用使得这一带低涡和切变线活动频繁,因此降水类型

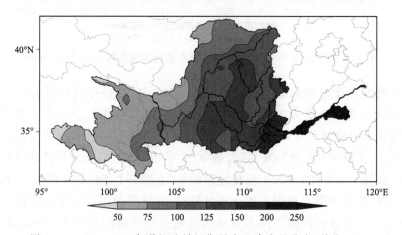

图 1.5　1971—2020 年黄河流域汛期最大日降水量分布(单位:mm)

以小雨为主,强降水发生频次较少(王晖 等,2013;徐慧 等,2015)。黄河上游其他地区最大日降水量多在 50～100 mm,其中宁夏西部和内蒙古临河附近是最大日降水量次少的地区,该地区不仅最大雨强小,降水总量也少。黄河中游大部分地区最大日降水量在 100～200 mm,为大暴雨级别。黄河下游日降水最强,最大日降水量均超过 200 mm,其中原阳—长垣一带最大日降水量超过 250 mm,个别站达到 300 mm 以上。

　　统计最大日降水量发生的时间,结果见表 1.3。可以看出,7 月出现最大日降水量的站数最多,有 124 站,其次是 8 月,105 站,7—8 月出现最大日降水量的站数占总站数的 89.8%。最大日降水量主要出现在 7 月下旬和 8 月上旬,以 7 月下旬居多,有 60 站,占总站数的 23.5%,8 月上旬有 52 站,占总站数的 20.4%。

表 1.3　1971—2020 年黄河流域汛期最大日降水量出现时间统计

时间		最大日降水量出现站数/站
5 月	下旬	3
6 月	上旬	3
	中旬	3
	下旬	11
7 月	上旬	32
	中旬	32
	下旬	60
8 月	上旬	52
	中旬	28
	下旬	25
9 月	上旬	1
	中旬	5
	下旬	0

第2章　黄河兰州以上连阴雨气候特征及大气环流背景

　　黄河兰州以上地区集水面积 22.25 万 km²，径流量和输沙量分别占全河的 55% 和 4%，是黄河主要的产水区。该区降水主要以连阴雨为主，特别是源区，每年由连阴雨带来的降水量约占全年降水量的 70%，尽管连阴雨平均降水强度不大，但由于持续时间长、累计降水量大，同样给防汛减灾及水资源调度工作带来了严峻的挑战。

2.1　兰州以上连阴雨气候特征

2.1.1　连阴雨标准

　　国内对连阴雨的定义尚无统一标准。查阅书籍和文献发现，其定义大致可以分为三类：第一类是地方标准，由地方气象局提出并由地方质量技术监督局发布。比如 2018 年 9 月实施的青海省地方标准《气象灾害分级指标》(DB 63/T 372—2018)中规定轻度连阴雨为连续阴雨日数 5 d 或以上，期间日平均日照时数≤6 h，且过程总降水量≥10 mm，期间不能出现 2 个无雨日，即日降水量不得<0.1 mm；重度连阴雨为连续阴雨日数 10 d 或以上，期间日平均日照时数≤6 h，且过程总降水量≥20 mm，期间不能出现 3 个无雨日。此外，甘肃、陕西、山西、湖北、湖南等地质量技术监督局也都对连阴雨制定了地方标准并已发布实施。第二类是学者根据研究需要自定义标准。他们往往在参考了气象行业标准之外，结合研究区的地理环境、气候特征以及气象观测规范，对连阴雨标准进行适当修订。比如孙照渤等(2016)在连阴雨标准中加入了过程降水量在当年秋季总降水量中所占比例的限制，项瑛等(2011)规定了过程雨日数占过程总日数的比率，江益等(2013)则对前后两日无降水间隔日的日雨量加以限制。纵观以上两类连阴雨的定义，一般包括连续降水日数、过程总降水量、日降水量和日照条件这四个指标，这与研究连阴雨主要为农业生产服务是分不开的，持续阴雨寡照势必影响农作物的种植、收割、打碾。第三类是典型流域连阴雨标准。针对长江流域的连阴雨研究颇多，有把长江上游或者中下游作为整体开展连阴雨研究的(陈晨 等,2015；朱盛明,1991；施宁,1991；王荣 等,2015)，也有针对三峡库区(赵玉春 等,2002；陈效孟,1998)、丹江口水库(朱理国 等,1993)、上游陇南山区(肖志强 等,2014)等局部地区开展研究的。由于服务对象是水库蓄水调度，因此这类连阴雨标准一般仅包括连续降水日数和日降水量。以三峡库区为例，邹旭恺等(2005)对该区连阴雨规定为，一次连阴雨过程持续时间不少于 5 d。过程持续时间 5 d 时，不允许出现无雨日；过程持续时间 6~7 d 时，允许有一个无雨日；过程持续时间

8～10 d 时,允许有 2 个不相邻的无雨日;过程持续时间 10 d 以上时,不严格规定非连续降水间隔日数。

　　本研究在参考前人关于连阴雨标准界定的基础上,根据黄河兰州以上地区气候特点,结合黄河水利委员会水文局业务服务内容,确定本书所研究的连阴雨标准为:①连续阴雨 5 d 及以上,过程总降水量≥15 mm;②当过程持续时间为 5 d 时,不允许出现无雨日,过程持续时间 6 d 或以上且不超过 10 d 时,允许有一个无雨日,过程持续时间 10 d 以上时,允许有两个无雨日(即日降水量不得＜0.1 mm);③无雨日不得出现在过程开始和结束时间。该定义总体上借鉴了流域连阴雨标准和青海省地方标准,并考虑到只有达到一定程度的雨强才能对径流产生影响,因此对过程总降水量做了限定。同时规定兰州以上 46 站(站点位置见图 2.1)中有达到或者超过 2/3 站处在连阴雨中,持续时间不少于 5 d,且过程平均日降水量≥5 mm,记为一次区域连阴雨。

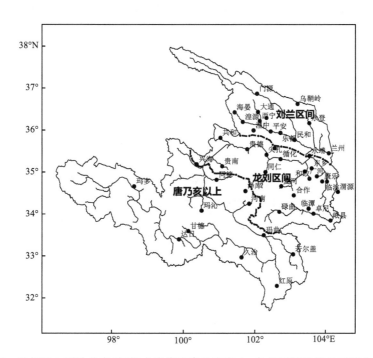

图 2.1　兰州以上测站分布(加粗虚线代表唐乃亥以上、龙刘区间和刘兰区间分界线)

　　本研究将黄河兰州以上连阴雨分为 5～7 d,8～14 d 和 15 d 及以上 3 个等级。多年平均值时段一般取 1961—2019 年,建站晚于 1961 年和数据有缺测的按实际资料长度计算。将区域内所有站点的某要素值相加后求算数平均,为该区域连阴雨某要素平均值。连阴雨过程跨月时,取过程日数多的月份作为连阴雨出现月份,否则以连阴雨开始日的月份作为出现月份。对连阴雨过程中不同级别降雨的研究规定为:将 0.1 mm≤日降水量≤9.9 mm 定义为一个小雨日(微量降水不计),将 10.0 mm≤日降水量≤24.9 mm 定义为一个中雨日,将 25.0 mm≤日降水量≤49.9 mm 定义为一个大雨日,将日降水量≥50.0 mm 定义为一个暴雨日,其中暴雨量为暴雨日降水量的总和,暴雨强度为暴雨量与暴雨日数之比,关于大雨、中雨、小雨的研究类比暴雨。

2.1.2　空间分布特征

黄河上游兰州以上地处青藏高原地带,跨域甘肃、青海、四川三省,属青藏高原季风气候区,暖季受西南季风影响,容易形成热低压,水汽丰富,降水较多;冷季为青藏冷高压控制,降水较少。受高原季风和地形共同影响,该区尤其中南部地区的降水量丰沛,是黄河上中游乃至黄河水量的主要来源区。

由于地处中纬度的内陆高原,该区东西高度差和垂直高度差十分显著,不同地区气候差异大,年降水量总体呈南北两侧多、中间地带少的特征,多年平均降水量 473 mm,降水最多的地区位于红原,年平均降水量 760 mm,而贵德、循化、永靖年平均降水量不到 300 mm,其中贵德年降水量仅 258 mm(图 2.2)。在三个分区中,唐乃亥以上降水最多,年平均降水量达 551 mm,其次是龙刘区间,年平均降水量 474 mm,刘兰区间降水量最少,年平均降水量仅 406 mm。

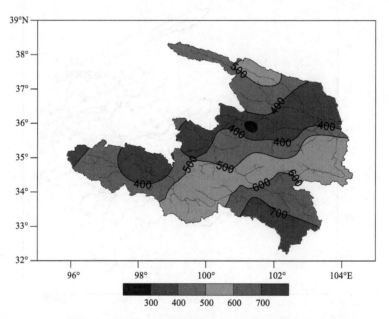

图 2.2　兰州以上年平均降水量分布(单位:mm)

从多年平均来看,该区汛期降水量占全年降水量的 89%,其中汛期连阴雨降水量占全年降水量的 55%、占汛期降水量的 62%,特别是唐乃亥以上,汛期连阴雨降水量占全年降水量的 70%、占汛期降水量的 79%,由此可见连阴雨是汛期降水量的重要组成部分,其研究具有重要意义。根据对该区近 59 a 汛期降水资料的统计分析(图 2.3a)可以看到:兰州以上年平均连阴雨(均指汛期连阴雨,下同)次数自南北两侧向中间减少,研究区西南部 7~8 次,其中久治、红原超过 8 次,玛多以上、研究区中南部、大通河流域 5~7 次,贵德—兰州、西宁 2~5 次。一次连阴雨过程降水平均持续日数接近 10 d,其分布与次数分布基本一致(图 2.3b),研究区西南部持续日数最长,达 12~13 d,贵德—兰州持续日数偏短,在 8~9 d,其中兰州最短,少于 8 d。一次连阴雨过程平均降水量 45.1 mm,其分布也有明显的地域特点(图 2.3c),贵德—兰州、共和、西宁、永登、玛多不超过 40 mm,中北部其他地区大部 40～50 mm,研究区南部 50～60 mm,其中红原、久治偏多,达 63～67 mm。总体来看,唐乃亥以上连阴雨最显著,龙刘区间南部和刘兰区间西北部次之,龙刘和刘兰区间的东部连阴雨较少,这与西南季风和地形有很大关系。研究区南部受季风影响最明显,致使连阴雨多,越深入内陆季风影响越小,同时,地形也会影响降水的分布和强度,最北端的大通河流域地处祁连山脉南坡,低层气流遇坡被迫爬升时容易在迎风坡形成气旋性辐合,有利于降水的形成和维持,二者共同作用造成了连阴雨中间少、南北多的区域分布特征。

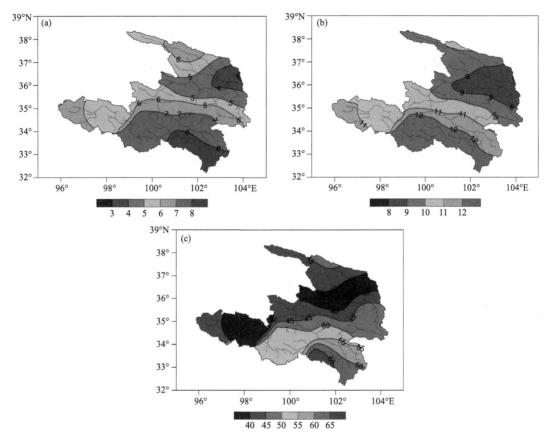

图 2.3　兰州以上连阴雨年平均分布

(a)次数(单位:次),(b)过程持续日数(单位:d),(c)过程降水量(单位:mm)

2.1.3　长连阴雨分布

兰州以上特别是唐乃亥以上地区所处纬度偏南,受西南季风影响,水汽充沛,加上受青藏高原大地形影响,云层低而薄,容易发生阴雨天气。一般而言,该区连阴雨过程越长,降水量越大,发生洪水的概率越高。经统计,达日、甘德、久治发生 15 d 及以上长连阴雨天气的概率超过 90%(图略),特别是久治,除 2016 年外,每年都出现 15 d 及以上长连阴雨天气。沿红原—若尔盖—玛曲—玛沁一带、碌曲、河南以及大通等地发生 15 d 及以上长连阴雨的概率在 70%~90%，龙刘区间中部以及刘兰区间西北部在 40%~70%，其他地区均在 40%以下，其中龙刘区间和刘兰区间的东部最低，小于 30%，特别是兰州、永靖、贵德、循化发生概率不超过 10%，长连阴雨只是偶尔发生。全区最长的一次连阴雨发生在达日，1989 年 6 月 5 日—7 月 19 日，持续时间 45 d，降水量 210.4 mm，但最大日降水量仅 17.8 mm。研究区南部 15 d 及以上长连阴雨过程降水量占汛期降水量的 30%以上，其中久治达 48%，达日、红原接近 40%，玛沁、甘德、玛曲在 30%~35%，河南、若尔盖在 30%左右。全区过程降水量最多的一次连阴雨发生在河南，1971 年 8 月 13 日—9 月 24 日，持续时间 43 d，总降水量 281.2 mm，占该地当年汛期降水量的 43%。总体来看，长连阴雨较多的地方仍然是在研究区南部，而在共和—贵德—兰州一带较少见，这种分布与连阴雨年平均分布极为相似。

2.1.4　月际变化特征

对连阴雨发生月份进行统计，结果表明（表 2.1），兰州以上连阴雨在汛期各月均有发生，7 月最多，6 月、8 月、9 月次之，10 月最少。从逐月发生的连阴雨次数来看，由于 7 月、8 月处于主汛期，降水过程较集中，因此持续降水过程也较多，7 月发生连阴雨的次数约占连阴雨总次数的 22%，6 月、8 月、9 月相差不大，各占 19%左右，5 月略少，约占总次数的 15%，10 月最少，仅不到 6%连阴雨出现在该时段。

表 2.1　各月各分区年平均出现连阴雨次数　　　　　　　　单位：次

	5 月	6 月	7 月	8 月	9 月	10 月
唐乃亥以上	1.19	1.51	1.47	1.26	1.35	0.52
龙刘区间	0.73	0.94	1.13	0.98	0.98	0.32
刘兰区间	0.61	0.90	1.15	1.07	0.98	0.17
全区	0.82	1.07	1.23	1.08	1.08	0.33

各分区在连阴雨时间分布上存在明显差异，唐乃亥以上连阴雨最多出现在 6 月，平均每年 1.51 次，其次是 7 月和 9 月，均在 1.3 次以上，龙刘和刘兰区间均 7 月最多，平均每年 1.13~1.15 次，8 月和 9 月次之，在 1 次左右。根据以上分析可以看出，龙刘和刘兰区间连阴雨高峰较唐乃亥以上晚 1 个月，唐乃亥以上连阴雨在 5—9 月各月都比较显著且分布较均匀，10 月明显衰减，龙刘和刘兰区间仅 7 月、8 月、9 月显著，刘兰区间在进入 10 月后发生连阴雨的次数大大减少。

2.1.5　年际变化特征

2.1.5.1　次数的变化

图 2.4 为兰州以上不同级别连阴雨发生次数的年际变化。从图中可以看出，1961 年以来，兰州以上连阴雨次数呈现先减少后增加、总体略减少的变化趋势。与多年平均值相比，20 世纪 90 年代中期之前连阴雨次数起伏较大，显著偏多年（1967 年、1985 年、1988 年、1992

年)和显著偏少年(1972 年、1991 年)都出现在这个时期,之后基本在平均值上下小幅波动,连阴雨次数最多年和最少年分别为 1967 年(7.9 次)、1972 年(3.8 次)。5~7 d 短连阴雨和15 d 及以上长连阴雨变化趋势相反,前者次数略有增加,后者次数明显减少,但后者近年有增多趋势。8~14 d 连阴雨变化表现为阶段性起伏,总体略增加,20 世纪 60 年代偏多,从 60年代末至 90 年代偏少,特别是整个 90 年代明显低于多年平均值,进入 21 世纪后次数开始增多,并在近年呈现不断增加的趋势。

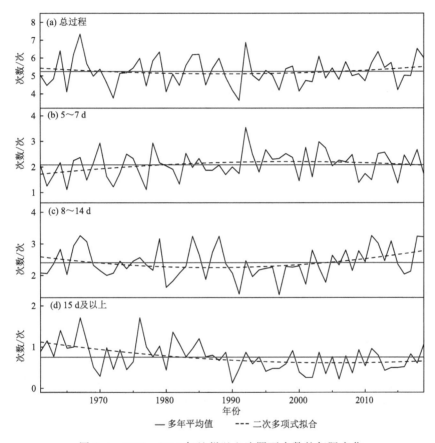

图 2.4　1961—2019 年兰州以上连阴雨次数的年际变化

各分区变化为:唐乃亥以上连阴雨总次数整体为正趋势,主要表现为 8~14 d 连阴雨持续增多(图 2.5),尤其在进入 21 世纪 00 年代中期后,8~14 d 连阴雨增幅明显偏大,15 d 及以上连阴雨总体减少,长连阴雨主要集中在 20 世纪 60—70 年代中期之前,5~7 d 连阴雨先增加后减少、总体略增加(图略)。龙刘区间连阴雨总次数和 8~14 d 过程次数均为先减少后增加、整体略增加(图略),15 d 及以上连阴雨持续减少,5~7 d 连阴雨则变化不大。刘兰区间连阴雨总次数为负趋势(图略),这与另两个区间有很大不同,具体而言,5~7 d 连阴雨经历了偏少—偏多—偏少阶段,并在近年表现为持续偏少态势,但总体变化平稳,15 d 及以上长连阴雨自 20 世纪 90 年代中期开始持续减少,8~14 d 连阴雨先减少并在近年略增多,但总体减少。总体上看,各分区 5~7 d 连阴雨变化较为平稳;8~14 d 连阴雨存在显著差异,唐乃

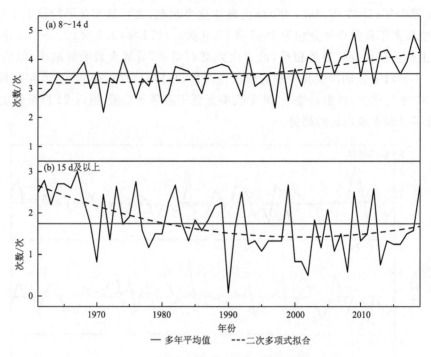

图 2.5　1961—2019 年唐乃亥以上连阴雨次数的年际变化

亥以上和龙刘区间均增加且唐乃亥以上增加显著,刘兰区间则整体减少;15 d 及以上连阴雨三个分区均持续减少。

2.1.5.2　持续时间和过程降水量的变化

从近 59 a 兰州以上连阴雨持续时间和过程降水量的变化曲线看(图 2.6),二者虽然总体上呈下降趋势,但在近年略有增加,特别是过程降水量增多更明显。1964 年、1967—1968 年、1976—1981 年,连阴雨出现一小高峰,过程持续时间长且降水量多,与该时期 15 d 及以上长连阴雨次数较其他年份多有关,特别是 1967 年出现 69 站/次长连阴雨,居近 59 a 之首,1976 年和 1981 年次之。20 世纪 90 年代是连阴雨持续时间和降水量最少的阶段,由该时期连阴雨次数全面减少所致,从 21 世纪 00 年代中期开始,过程降水量增多、持续时间变长,特别是 2007 年、2011 年、2017 年、2019 年上升最明显,主要由上述年份 8～14 d、15 d 及以上连阴雨变多造成。

各分区表现为:唐乃亥以上连阴雨过程持续日数和降水量的变化趋势与全区变化一致(图略),且在三个分区中变幅最大,持续日数较多的年份包括 1962 年、1965 年、1971 年、1976 年、1981 年、1989 年,均集中在研究时段前期,1965 年平均持续日数 15.1 d,居近 59 a 第一位,该年久治、达日连阴雨平均持续日数达 19～20 d,过程降水量最大的一年是 1981 年,为 74.6 mm,其中该年久治连阴雨过程降水量平均达 123.6 mm,红原、若尔盖、玛曲在 91～99 mm。进入 21 世纪 10 年代以后,连阴雨持续日数和降水量均有不同程度增加,2009—2010 年、2012 年、2017 年、2019 年为连阴雨较强年份。龙刘区间连阴雨持续日数和降水量呈弱下降趋势(图略),连阴雨较强的年份为 1976—1977 年、1981 年,其次是 1964 年和 1967 年前

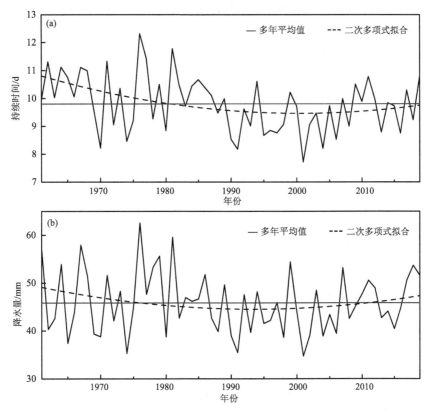

图 2.6　1961—2019 年兰州以上连阴雨过程持续时间(a)和降水量(b)的年际变化

后,2003 年、2005 年、2007 年、2011 年连阴雨表现也比较突出。刘兰区间连阴雨持续日数较多的年份多集中在 20 世纪 80 年代中期之前(图略),近 59 a 最大值出现在 1976 年,20 世纪 90 年代持续日数明显减少,进入 21 世纪后持续日数有所增加,其中 2007 年、2011 年、2017 年、2019 年持续日数较高。降水量在近年增加趋势比较显著,近 59 a 最大值依然出现在 1976 年,但在 2007 年、2011 年、2017—2019 年增幅较大。

2.1.6　年代际变化特征

兰州以上连阴雨过程持续时间具有明显的年代际变化特征(表 2.2)。在所有年代中,近乎一半的连阴雨持续时间在 8～14 d(20 世纪 90 年代除外),其次是 5～7 d。20 世纪 60 年代,15 d 及以上长连阴雨占本年代连阴雨比例是所有年代中最高的,达 17.8%,20 世纪 70—80 年代也比较高,均超过 16%。20 世纪 90 年代,15 d 及以上连阴雨占比迅速减小,同时,5～7 d 连阴雨明显增加,在本年代达 45.9%,超过其他两类级别连阴雨,是所有年代中 5～7 d 连阴雨占比最高的。进入 21 世纪后,15 d 及以上长连阴雨继续减少,至 21 世纪 00 年代仅占 11.6%,为近 59 a 来最小值,之后增加,8～14 d 连阴雨自本年代开始逐渐增加,并在 2011—2019 年达到极值。总体来看,20 世纪 60 年代长连阴雨多、90 年代短连阴雨多的特征十分突出。

表 2.2　不同等级连阴雨站次占本年代连阴雨总站次的比例　　　　　%

		5~7 d	8~14 d	15 d 及以上
20 世纪	60 年代	35.5	46.7	17.8
	70 年代	38.4	45.1	16.5
	80 年代	36.9	47.0	16.1
	90 年代	45.9	42.2	11.9
21 世纪	00 年代	40.7	47.7	11.6
2011—2019 年		38.2	49.4	12.4

从表 2.3 可以看出,过程降水量在 15~50 mm 的连阴雨约占 2/3,50~70 mm 的约占 1/5,70~100 mm 占比在 10%左右,100 mm 以上占比不超过 8%。整个 20 世纪,15~30 mm 连阴雨过程次数最多,其次是 30~50 mm,进入 21 世纪后,30~50 mm 连阴雨过程次数超过 15~30 mm 连阴雨过程次数。在所有年代中,20 世纪 60—70 年代中 50~70 mm 连阴雨占比较低,70 mm 以上连阴雨占比较高,与这个阶段长连阴雨较多有关。20 世纪 80 年代至 21 世纪 00 年代,70 mm 以上连阴雨占比很低,如 20 世纪 80—90 年代 70~100 mm 与 20 世纪 90 年代至 21 世纪 00 年代≥100 mm 占比近 59 a 最低,这与 20 世纪 90 年代开始连阴雨整体减少,特别是长连阴雨迅速减少有关,21 世纪 10 年代以后过程降雨量达 50 mm 以上的各类连阴雨又开始增多,与前面分析该时期 8~14 d,15 d 及以上连阴雨均增多的结论相符。

表 2.3　过程降水量(p)达不同级别的连阴雨站次占本年代连阴雨总站次的比例　　　　　%

		15 mm≤p<30 mm	30 mm≤p<50 mm	50 mm≤p<70 mm	70 mm≤p<100 mm	p≥100 mm
20 世纪	60 年代	32.8	32.5	16.8	11.2	6.7
	70 年代	33.5	31.8	16.0	10.8	7.9
	80 年代	34.0	32.3	17.7	9.8	6.2
	90 年代	35.2	33.3	17.6	9.9	4.0
21 世纪	00 年代	32.7	34.5	17.7	11.2	3.9
2011—2019 年		30.6	33.5	18.1	11.5	6.3

2.1.7　不同级别降雨的贡献

将 24 h 降雨量分为小雨、中雨、大雨、暴雨(定义为≥50 mm,不再细分大暴雨、特大暴雨),根据这一分类对兰州以上连阴雨进行研究。结果表明,该区连阴雨以小雨为主,其降水量在连阴雨量中所占比例为 34%~65%,中雨占 32%~45%,大雨占 2%~18%,暴雨所占比例低于 7%(图略)。具体而言,唐乃亥以上小雨为主的特征较龙刘、刘兰区间更显著,超过一半的降水是由小雨造成的,平均强度为 3 mm/d,并有 40%的降水由中雨造成,强度为 14.5 mm/d;龙刘区间小雨和中雨所占比例差别不大,各占 41%~44%,但是该区大雨和暴雨所占比例为三分区中最高,大雨占 12%,暴雨占 3%;刘兰区间仍以小雨为主(48%),中雨次之(41%),大雨和暴雨降水较唐乃亥以上明显,略次于龙刘区间,但是暴雨强度为三个分区中最强,达 65.0 mm/d。

对连阴雨中暴雨进行统计,1961—2019 年,连阴雨期间各站共出现暴雨 147 d,约占全年暴雨的 2/3,平均强度 63.2 mm/d。连阴雨暴雨多发生在渭源、和政和岷县,59 a 来分别出现 14 d、13 d 和 10 d,其次是玛曲、临洮、康乐、碌曲等地,其中临洮在 1979 年 8 月上中旬一次连阴雨过程期间出现日降水量 143.8 mm 的大暴雨。全区连阴雨期间单日降水量最大的站点是大通,2013 年 8 月 19—29 日,该地出现一次连阴雨,其中 21 日降水量 145.2 mm,打破青海省单站日降水量历史极大值纪录。由此可见,连阴雨暴雨易发区主要是在研究区东部,虽然南部连阴雨显著,但其间出现暴雨的频次极低。

2.2　兰州以上连阴雨气候背景

2.2.1　连阴雨多寡年划分

根据前一节分析,结合业务实践,构建兰州以上连阴雨强度指数定义连阴雨的多寡,进而讨论连阴雨多寡年的气候背景及前兆信号。连阴雨的强度并不仅由降水持续日数决定,一次连阴雨过程所带来的降水量是形成洪水的主要因素,同时,连阴雨次数偏多也可能导致一段时间的总降水量偏大。因此,选取兰州以上连阴雨年平均次数、持续日数、过程降水量作为连阴雨的 3 个主要影响因子,对其进行标准化处理以去除量纲,三者求平均作为连阴雨强度指数,并对该指数从大到小排列,取前 10 和后 10 百分位数,分别对应多连阴雨年和少连阴雨年。1961—2019 年,典型的多连阴雨年有 1964 年、1967 年、1976 年、1981 年、1989 年以及 2009 年,少连阴雨年有 1970 年、1990 年、1997 年、2000 年、2001 年以及 2002 年。从时间分布来看,多连阴雨年集中出现在 1990 年以前,而少连阴雨年则出现在 1990 年以后。表 2.4 和表 2.5 分别列出了典型多连阴雨年和少连阴雨年的各项特征值。可以看出,多连阴雨年各项值均明显大于少连阴雨年,特别是持续日数、过程降水量和连阴雨总日数。多连阴雨年,过程持续日数普遍超过 10 d、过程降水量普遍在 50 mm 左右、连阴雨总日数在两个月以上,而少连阴雨年,过程持续日数最长为 9.5 d、过程降水量普遍不超过 40 mm、连阴雨总日数在 38~45 d。统计结果显示,多连阴雨年由连阴雨产生的降水总量较兰州以上多年平均值偏多 77 mm,少连阴雨年则偏少 71 mm。

表 2.4　多连阴雨年特征值

年份	平均次数/次	持续日数/d	过程降水量/mm	连阴雨总日数/d	日平均降水量/mm
1964	6.6	11.2	53.6	75	4.7
1967	7.9	11.0	56.0	88	4.9
1976	6.1	12.3	62.1	73	5.1
1981	5.3	12.0	59.6	64	4.9
1989	5.8	9.5	46.8	60	5.0
2009	5.8	10.3	42.9	62	4.1

表 2.5　少连阴雨年特征值

年份	平均次数/次	持续日数/d	过程降水量/mm	连阴雨总日数/d	日平均降水量/mm
1970	5.5	8.2	38.2	48	4.8
1990	4.4	8.6	38.7	38	4.6
1997	4.3	8.7	45.5	39	5.2
2000	4.8	9.5	40.9	45	4.4
2001	4.9	7.7	34.4	41	4.3
2002	4.7	9.1	39.0	44	4.3

　　与之对应的 12 个连阴雨异常年份汛期降水距平百分率的分布见图 2.7。多连阴雨年，汛期降水空间分布有两种类型，一是全区一致偏多型（1964 年、1967 年、1976 年），正值中心位于研究区中部，其降水较常年偏多 20%～40%，其余地区偏多 10%～20%，但 1964 年和1976 年达日、甘德附近偏少 10%；二是西多东少型（1981 年、1989 年、2009 年），基本以循化—若尔盖为界，西部降水偏多，东部偏少，并且第一型较第二型汛期降水的异常特征更明显。少连阴雨年，除 1970 年外，汛期降水分布总体为全区一致型，即降水均偏少，大部地区偏少 10%～20%，负值中心位置较分散，研究区中部、中西部、中东部、西南部都可能是负值中心。

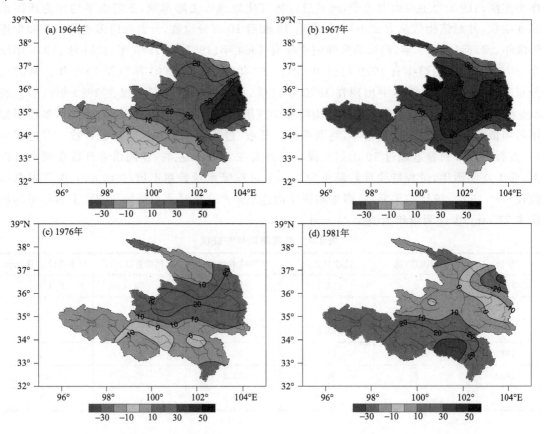

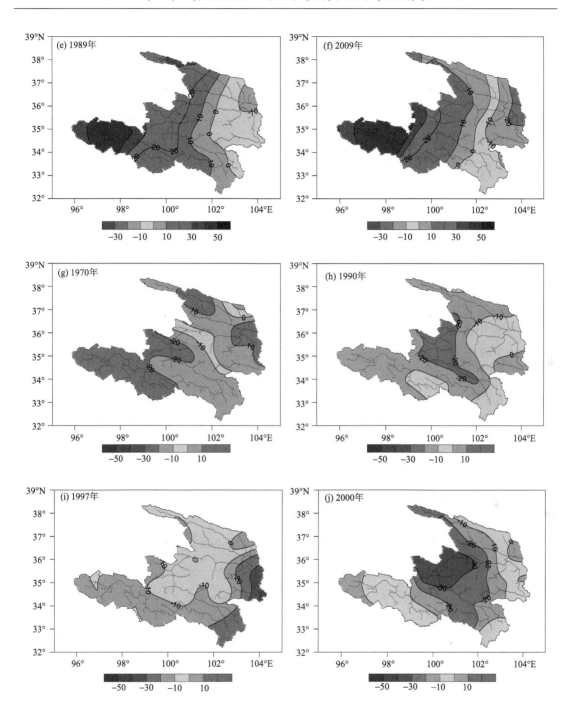

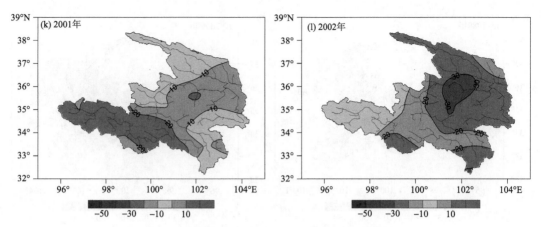

图 2.7　连阴雨异常年汛期降水距平百分率分布(%)

(a~f 为连阴雨偏多年,g~l 为连阴雨偏少年)

从图 2.8 可以看出,多连阴雨年对应研究区汛期降水普遍偏多 10%~20%,其大值中心位于研究区中西部的兴海—共和一带;少连阴雨年则对应汛期降水一致偏少,负值中心位于研究区中部尖扎附近。

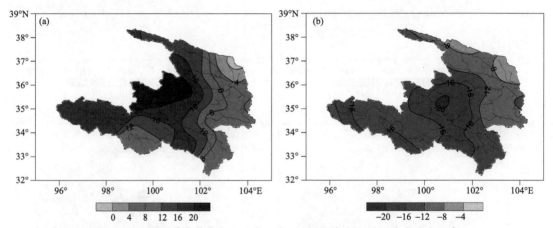

图 2.8　连阴雨异常偏多年(a)、偏少年(b)汛期降水距平百分率分布(%)

2.2.2　连阴雨异常年的气候背景

2.2.2.1　环流特征

影响降水的最直接因素就是大气环流的变化。利用前面划分的连阴雨异常年,通过对汛期高度场、风场和湿度场以及它们的距平场合成,分析连阴雨异常对大气环流的响应。其中距平场指的是相对于 1981—2010 年的气候场差值。

(1)200 hPa 环流形势

图 2.9 分别给出了多(强)连阴雨年份和少(弱)连阴雨年份 200 hPa 高度场和风场及距平场合成。由图 2.9a 可见,兰州以上多连阴雨时,南亚高压位置偏东,中心脊线位于 23°N 附

近,1248 dagpm 线的闭合高压位于 65°—120°E,且北界接近 30°N,属于南亚高压东部型,有研究表明该型有利于西北地区降雨(张宇 等,2014),同时,80°E 附近有高空低槽,"北低南高"的气压分布加大了中纬度地转风,使得 80°E 以东、35°—45°N 范围内形成了一支宽广的高空西风急流,兰州以上受高空槽前、南亚高压西北边缘西南气流控制。高空槽前存在偏差风辐散(朱乾根 等,2003),同时,高空急流入口区右侧使得辐散进一步增强,在二者共同作用下,兰州以上盛行异常反气旋环流(图 2.9b),高层大气辐散明显,促使低层上升气流发展,从而产生降水。与之相反,在少连阴雨年(图 2.9c),南亚高压位置偏西,1248 dagpm 线最西端到达阿拉伯半岛,北界在 28°N 附近,中纬地区环流平直,西风急流较弱,兰州以上处在南亚高压北部边缘的西南气流里。研究区上空转为受异常气旋式环流控制,高层大气以辐合为主,抑制了低层上升运动发展,降水的动力条件不足(图 2.9d)。

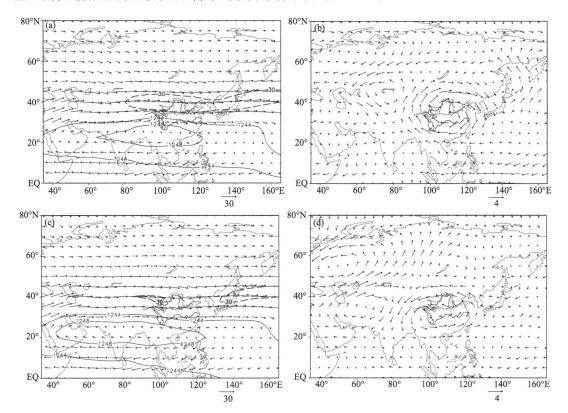

图 2.9　连阴雨异常年 200 hPa 风场(矢量,单位:m/s)与高度场(等值线,单位:dagpm)(a,c)及距平场(b,d)
　　　　(a,b 多连阴雨年,c,d 少连阴雨年;虚线为≥30 m/s 高空急流)

(2)500 hPa 环流形势

由图 2.10a 可以看到,多连阴雨年,极地涡旋略偏强且向北美洲和欧亚大陆伸展,呈椭圆形;在贝加尔湖西北方存在一个西风浅槽;欧亚中低纬为经向型环流,其中,巴尔喀什湖和印缅低槽明显,里海上空受高压脊控制,脊前偏北气流不断引导冷空气在巴尔喀什湖低槽内聚集;西太平洋副热带高压(以下简称"副高")面积偏小、西脊点偏东,但 586 dagpm 线位置偏北。兰州以上正好处在西风槽下方,副高有时也会加强西伸输送水汽,配合高纬地区环流平直,有利于低值系统分裂南下,使极地冷空气不断进入槽区。这种环流形势分布与白晓平等(2014)总结的西北东部连阴雨副高偏弱天气型类似。相应距平场上,中高纬呈现"西正东负"高度异常,其中里海北部到新地岛为正距平,预示着里海脊增强,加强了脊前西北气流向南输送,巴尔喀什湖至贝加尔湖为负距平(图2.11a),预示着低槽加深。环流形势与距平场的这种分布使得中低纬度地区经向型环流得到加强并稳定维持,来自北方的冷空气与副高外围、孟加拉湾的暖湿气流在兰州以上交汇,造成连阴雨天气。少连阴雨期间呈现出基本相反的分布型(图2.10b),最显著特征是从极涡伸向西伯利亚的槽较深厚,但在中纬度地区环流平直,没有明显的槽脊存在,正高度距平位于贝加尔湖附近,里海北部为显著负距平(图2.11b)。副高面积、强度接近常年同期,西脊点略偏东,586 dagpm线偏南,印缅槽较浅,因此,西太平洋和孟加拉湾的暖湿气流深入不到兰州以上,降水偏少。

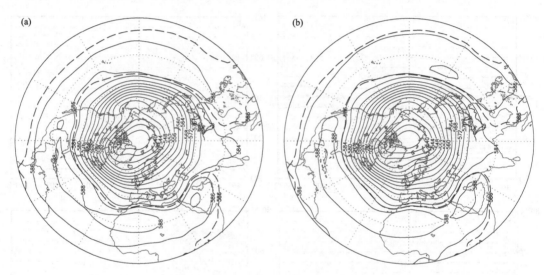

图 2.10 多连阴雨年(a)和少连阴雨年(b)500 hPa 高度场(单位:dagpm)

(虚线为气候平均的 586 dagpm 线)

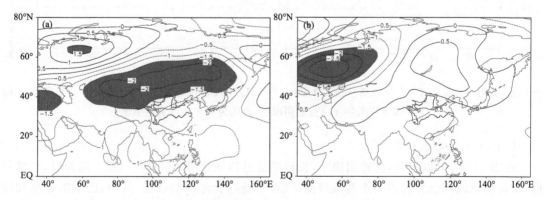

图 2.11 多连阴雨年(a)和少连阴雨年(b)500 hPa 高度距平(单位:dagpm)

(阴影区为距平绝对值>1.5 dagpm)

（3）700 hPa 环流形势

图 2.12 为连阴雨异常年汛期合成的 700 hPa 风场与相对湿度场及其距平场。图 2.12a 表明，多连阴雨期间，由于中低纬度环流经向度较强，使得水汽不断地从孟加拉湾输送到兰州以上，高纬地区平直西风带气流在贝加尔湖一带转为偏北气流南下，与来自南方的气流在研究区上空交汇，造成连阴雨天气。图 2.12c 也表明，兰州以上为异常南风和异常北风交汇区，对应为明显的湿度正距平。少连阴雨年（图 2.12b），印缅槽较弱，使得水汽输送减弱，同时高纬度地区冷空气活动偏北并且不易南下，相应距平场上（图 2.12d），在研究区上空形成反气旋式环流，受到该反气旋顶部偏西风的影响，兰州以上大部分地区出现西北风异常，与多年平均相比，湿度明显偏小，不利于降水产生。

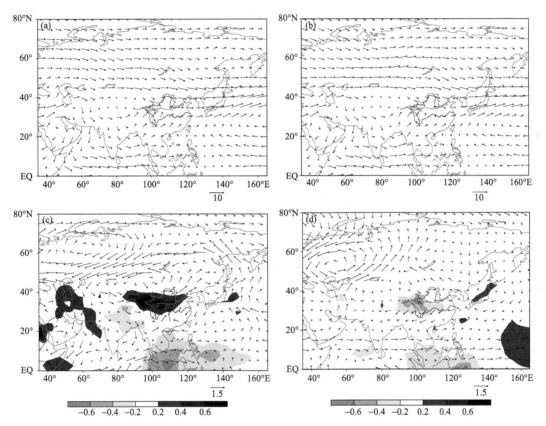

图 2.12　连阴雨异常年 700 hPa 平均风场（矢量，单位：m/s）(a,b) 及风场（矢量，单位：m/s）、
湿度场（填色，单位：g/kg）距平 (c,d)
(a,c) 多连阴雨年；(b,d) 少连阴雨年

综上所述，有利于多连阴雨年的同期大气环流主要特征为：200 hPa 南亚高压位置偏东，并在 35°—45°N 有一支宽广高空西风急流与之配合，兰州以上地区盛行异常反气旋环流；500 hPa 里海脊增强，巴尔喀什湖至贝加尔湖之间低槽加深，同时西太平洋副热带高压（以下简称西太副高）586 dagpm 线偏北，印缅槽偏深，使得水汽不断向北输送到达研究区。

2.2.2.2　太平洋海温

由于海洋和大气之间的相互作用,海温的异常势必影响到大气环流的异常,进而影响降水。图2.13给出了多连阴雨年和少连阴雨年太平洋海温距平分布。对比图2.13a,b,可以看出,在多连阴雨年,太平洋地区以负海温异常为主,负距平中心有3个,一个位于西北太平洋,一个位于加利福尼亚海流区,二者中心值均超过了-1.0 ℃,另一个位于菲律宾以东的赤道中太平洋(160°—180°E)。正距平区主要集中在赤道东太平洋、北方活动中心冷水区以及北半球西风漂流区(40°N附近)。而在少连阴雨年,整个太平洋都是宽阔的正距平,负距平区范围小、强度弱。特别是30 °N以北的中高纬度地区,从黑潮区向东一直延伸至北方活动中心冷水区均为暖区,此外,日界线以东的赤道地区分布着另一个暖区,并与加利福尼亚海流区相连。与多连阴雨年相比,少连阴雨年赤道太平洋暖区向西扩展,北方活动中心冷水区以及北半球西风漂流区海温偏高幅度更大,同时,加利福尼亚海流区和西北太平洋海温则呈现完全相反的距平分布。由此可见,兰州以上连阴雨不仅与大尺度环流背景异常有关,还与海温分布的异常变化有着密切联系。这与前人研究结果有很多相似之处(魏锋 等,2010;王澄海 等,2002;唐佑民,1992;刘青春 等,2007;朱炳瑗 等,1991)。有研究表明,北方活动中心冷水区、西北太平洋(黑潮区)、赤道中东太平洋以及加利福尼亚海流区是影响西北地区降水的海温关键区,普遍认为当赤道东太平洋海温异常偏暖、北方活动中心冷水区偏冷以及西北太平洋海温偏冷时,西太副高位置容易偏北,继而造成西北地区降水偏多。结合图2.13不难看出,这与本书结论基本吻合,但要揭示上述几大关键海域对兰州以上降水的影响机制尚需深入研究,不仅要考虑海洋,还要考虑积雪、陆面、大气环流以及它们之间的相互作用。

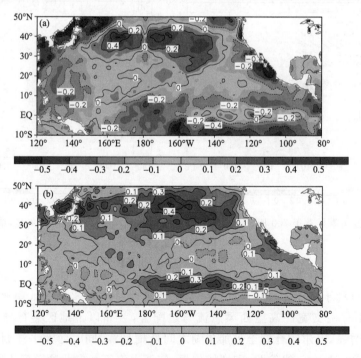

图2.13　多连阴雨年(a)和少连阴雨年(b)太平洋海温距平分布(单位:℃)

2.2.2.3　地面气温

多连阴雨年,汛期地面气温距平分布趋势表明(图 2.14a),黄河兰州以上地区气温较常年同期偏高 0.2～0.3 ℃,并且正距平区向南延伸至长江上游一带,而全国其余地区比常年同期气温普遍偏低,但在少连阴雨年,兰州以上地区气温较常年偏低 0.2～0.4 ℃(图 2.14b),以其为中心的负距平区覆盖西南、江南大部,全国其余地区均较同期略偏高。由此可见,多连阴雨年和少连阴雨年分别与研究区正气温距平和负气温距平对应,这与前人(田永丽 等,2004)研究结果一致,当高原地面气温偏高时,对应上空出现相对偏强的上升气流,有利于降水形成,反之则相反。

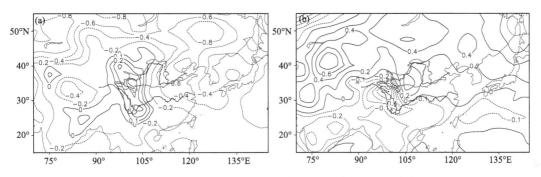

图 2.14　多连阴雨年(a)和少连阴雨年(b)地面气温距平(单位:℃)

2.3　连阴雨异常年的前兆信号

上面是从同期气候背景的角度来考察连阴雨异常与大气环流和海温、地面气温的联系。大气的演变具有一定的规律性(吴仁广 等,1994),某一时期的大气环流与前期大气环流有很大关系,并对后期降水有一定的预兆,因此,如果能从前期环流以及海温场的变化中识别出异常,那么就可以为连阴雨的预测提供依据,这也是当前中长期天气预测所用的主要手段之一。

2.3.1　大气环流

2.3.1.1　前冬环流场合成分析

用合成分析和 t 检验方法分析连阴雨多(寡)年对应的前冬(指前一年冬季,例如,对于2020 年汛期而言,前冬指 2019 年 12 月至 2020 年 2 月)500 hPa 环流与多年平均值之间的显著性差异。多连阴雨年的前冬 500 hPa 高度场上(图 2.15a),欧亚地区自北向南呈现"负正负"距平分布,即新地岛以北为中心超过−7 dagpm 的负距平带,并且一直伸向东北亚地区,乌拉尔山东侧到贝加尔湖并一直向东南扩展经日本海至北太平洋一带为正距平,其南侧地中海—中南半岛—南海为负距平区。少连阴雨年的前冬(图 2.15b),高度距平分布截然相反,呈"正负正"型,极地为正距平,并扩展至东北亚地区,50°—70°N 为负距平带,中心有三个,分别位于西欧、贝加尔湖和阿留申群岛,副热带及以南地区整体上以正距平为主,但在我

国中东部为弱负距平。为进一步考察前冬影响的可信度,对多、少连阴雨年对应冬季 500
hPa 高度场做差值,并做 t 检验,从图 2.15c 可以看到,在高度距平差值中,存在两个显著的
负距平区,并通过 0.05 的显著性水平检验,一个位于极地,一个位于地中海—里海之间,太平
洋中东部有小部分地区存在显著正距平,预示着多连阴雨年极涡和地中海附近低槽偏强。
结合冬季平均环流场(图 2.15d),说明极地、贝加尔湖、地中海—里海、东北亚以及中纬度太
平洋是影响连阴雨的关键区域,当前冬极涡加强、贝加尔湖脊维持、地中海和东北亚槽偏强、
太平洋中东部洋面脊加强时,是来年连阴雨偏多的前兆信号,反之,容易导致连阴雨偏少。

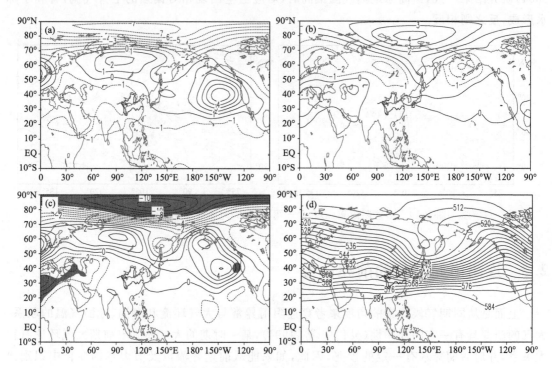

图 2.15　连阴雨异常年前冬北半球 500 hPa 高度距平合成(单位:dagpm)
(a)多连阴雨年,(b)少连阴雨年,(c)多连阴雨年与少连阴雨年差值,
(d)多年平均高度场;阴影表示通过 0.05 显著性水平检验

　　同样,关于连阴雨异常年前冬 200 hPa 高度场和风场距平,见图 2.16。可以看到,在多
连阴雨年的前冬,兰州以上上空 200 hPa 高度场表现为正高度距平,对应风场上为异常反气
旋,少连阴雨年则正好相反。从高纬度到低纬度,多连阴雨年北半球高度距平场呈现“负正
负”型,而偏少年为“正负正”型。从多、少连阴雨年前冬环流距平场的差值也可以看出,前冬
最显著的特征是从极地伸向东亚地区为显著的负高度距平,差值通过 0.05 显著性水平检验,
进一步结合多年平均高度场分布可以得知,东亚大槽强度存在较大差异,当其偏强时,兰州
以上连阴雨易偏多,反之易偏少。

2.3.1.2　春季环流场合成分析

　　春季(指当年 3—4 月,例如,对于 2020 年汛期而言,春季指 2020 年 3—4 月)500 hPa 欧
亚大陆仍然维持两槽两脊的环流形势(图 2.17d),极地伸向亚洲东部为东亚大槽,在地中

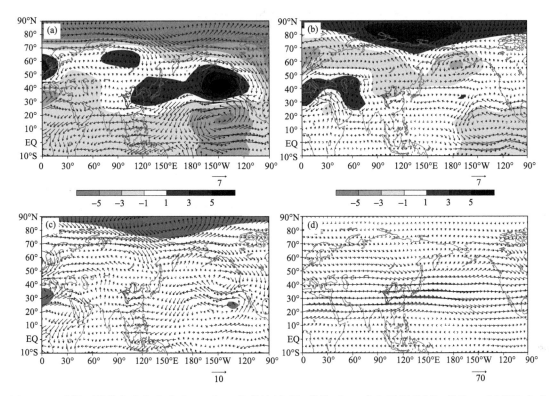

图 2.16　连阴雨异常年前冬北半球 200 hPa 高度场(矢量,单位:dagpm)和风场(填色,单位:m/s)距平合成
(a)多连阴雨年,(b)少连阴雨年,(c)多连阴雨年和少连阴雨年风场差值,(d)多年平均高度场(等值线)与
风场(矢量);阴影表示高度差值通过 0.05 显著性水平检验

海—里海附近还存在一个浅槽,二者位置均较前冬略有东移,且强度大大减弱,高压脊分别位于高原北部—贝加尔湖南部以及太平洋东部—美洲西岸,同时,副热带地区的高压明显加强并北移,588 dagpm 线闭合中心位于西太平洋。对比多连阴雨年和少连阴雨年的环流差异(图 2.17a～c),可见,极涡延续了前冬偏强的态势,到了春季继续偏强,并与地中海东部偏强的低槽共同造成 30°—90°E 以及东西伯利亚在内的大面积负距平区,位于堪察加半岛和地中海东部的负中心均通过 0.05 显著性水平检验。同时,从图 2.17c 还可以看到,在西太平洋也存在显著的负距平区,表明春季副高异常对汛期连阴雨也有显著的影响,多连阴雨年对应副高偏弱。因此,有利于兰州以上汛期连阴雨偏多的春季北半球主要环流特征是:极地异常低值系统持续发展,地中海附近低槽偏强,位于低纬度地区的西太副高偏弱。

多连阴雨年,在 200 hPa 高度上,兰州以上为正高度距平(图 2.18a),50°—60°N 出现西风异常,表现出东亚高空急流较前冬偏强的异常形势。少连阴雨年(图 2.18b),兰州以上为负高度距平,相应的,在该区出现一个异常气旋式环流,受该气旋顶部异常东风影响,高空急流明显减弱。从图 2.18c 上看,差值场进一步证实了前面得到的结论,结合平均场分布(图 2.18d),可以得知在多连阴雨年春季副热带西风较强,兰州以上受异常高压控制,而少连阴雨年则相反。

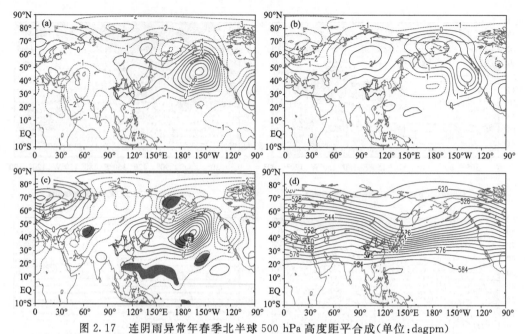

图 2.17　连阴雨异常年春季北半球 500 hPa 高度距平合成(单位:dagpm)

(a)多连阴雨年,(b)少连阴雨年,(c)多连阴雨年和少连阴雨年差值,(d)多年平均高度场;

阴影表示通过 0.05 显著性水平检验

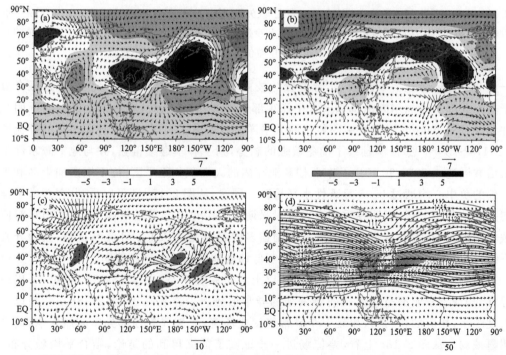

图 2.18　连阴雨异常年春季北半球 200 hPa 高度场(矢量,单位:dagpm)和风场(填色,单位:m/s)距平合成

(a)多连阴雨年,(b)少连阴雨年,(c)多连阴雨年和少连阴雨年风场差值,(d)多年平均风场(矢量)与高度场

(等值线);阴影表示高度差值通过 0.05 显著性水平检验

2.3.1.3　连阴雨与前期环流相关分析

通过以上前期环流背景的分析知道,极涡、东亚槽、高空西风急流、地中海槽、副高等天气系统的差异,将对汛期连阴雨产生显著影响。从表征不同大气环流系统的 88 项特征指数中,挑选出西太平洋副热带高压的 5 种指数(面积指数、强度指数、脊线位置指数、北界位置指数、西伸脊点指数)、北半球极涡的 5 种指数(面积指数、强度指数、中心经向位置指数、中心纬向位置指数、中心强度指数)、亚洲纬向环流指数、亚洲经向环流指数、东亚槽的 2 种指数(位置指数、强度指数)、西藏高原－1 指数、西藏高原－2 指数以及印缅槽强度指数共 17 个大气环流指数,对前冬至春季(前一年 11 月至当年 4 月)环流指数分别与当年兰州以上平均连阴雨频次、持续日数和平均过程降水量求相关,进一步讨论不同月份天气系统与连阴雨之间的联系,提取其中通过 0.05 显著性水平检验的相关值见表 2.6~2.8。

从表 2.6 中可以看到,兰州以上连阴雨频次与前冬西太副高的面积、强度指数的超前相关较好,均为正相关。前一年 12 月的北极极涡中心强度指数与连阴雨频次间为显著的负相关。当年 4 月的东亚大槽位置指数与连阴雨频次的相关程度最高,相关系数达 0.38,为显著的正相关。另外,超前 1 个月的西藏高原－1 指数、西藏高原－2 指数与连阴雨频次间均有显著的正相关,这可能与高原绕流气流的影响有关。

表 2.6　与连阴雨频次显著相关的前期大气环流指数(通过 0.05 显著性水平检验)

环流指数		时间	相关系数
西太副高	面积指数	前一年 11 月	0.25
		前一年 12 月	0.26
	强度指数	前一年 11 月	0.25
		前一年 12 月	0.26
北极极涡	中心强度指数	前一年 12 月	−0.28
东亚大槽	位置指数	当年 4 月	0.38*
西藏高原	－1 指数	当年 4 月	0.26
	－2 指数	当年 4 月	0.25

注:* 表示通过 0.01 显著性水平检验。

从表 2.7 可以看到,连阴雨持续日数与西太副高、北极极涡、东亚大槽、西藏高原指数及印缅槽关系密切。其中,前一年 12 月的西太副高面积和强度与连阴雨持续日数为负相关,同样,前一年冬季和当年春季的副高西伸脊点与连阴雨持续日数也为负相关,且相关十分显著,副高北界位置的相关时段主要在当年 3—4 月,为正相关。前一年 11 月和当年 3 月的北极极涡面积和强度与连阴雨持续日数为正相关,这说明连阴雨受极地冷空气扩散范围和强度的影响明显。东亚大槽与连阴雨持续日数的显著相关为负相关,主要是前一年 12 月。东亚槽是对流层中上部常定的西风大槽,是海陆分布及青藏高原大地形对大气运动产生热力和动力影响的综合结果,当前期东亚槽强度越强(弱),连阴雨持续日数越短(长)。西藏高原－1 指数、西藏高原－2 指数以及印缅槽强度指数与连阴雨持续日数的相关程度最好,特别是冬季,部分月份相关系数达到 0.4 以上,呈现出显著负相关。

表 2.7　与连阴雨持续日数显著相关的前期大气环流指数（通过 0.05 显著性水平检验）

指数		月份	相关系数
西太副高	面积指数	前一年 12 月	−0.29
	强度指数	前一年 12 月	−0.25
	北界指数	当年 3 月	0.33*
		当年 4 月	0.26
	西伸脊点指数	前一年 11 月	−0.53*
		前一年 12 月	−0.30
		当年 3 月	−0.35*
		当年 4 月	−0.38*
北极极涡	面积指数	前一年 11 月	0.35*
		当年 3 月	0.27
	强度指数	前一年 11 月	0.25
		当年 3 月	0.29
东亚大槽	位置指数	前一年 12 月	−0.39*
西藏高原	−1 指数	前一年 11 月	−0.35*
	−2 指数	前一年 11 月	−0.31
		当年 4 月	−0.25
印缅槽强度指数		前一年 11 月	−0.40*
		前一年 12 月	−0.36*
		当年 1 月	−0.28
		当年 2 月	−0.30
		当年 3 月	−0.28
		当年 4 月	−0.30

注：* 表示通过 0.01 显著性水平检验。

表 2.8 为连阴雨过程降水量与前期环流指数的相关情况。可以看出，过程降水量主要与西太副高、北极极涡以及东亚大槽有较高的相关关系，其中相关显著的环流指数包括，当年 4 月的西太副高北界指数与过程降水量为显著正相关，前一年 11 月、当年 3—4 月副高西伸脊点指数与过程降水量为显著负相关；过程降水量与当年 1 月北极极涡面积为负相关，但与极涡强度为正显著相关。前一年 12 月、当年 2 月东亚大槽位置与过程降水量也为负相关。

表 2.8　与连阴雨过程降水量显著相关的前期大气环流指数（通过 0.05 显著性水平检验）

指数		月份	相关系数
西太副高	北界指数	当年 4 月	0.25
	西伸脊点指数	前一年 11 月	−0.26
		当年 3 月	−0.35*
		当年 4 月	−0.25

续表

指数		月份	相关系数
北极极涡	面积指数	当年 1 月	−0.31
	强度指数	当年 3 月	0.29
东亚大槽位置指数		前一年 12 月	−0.29
		当年 2 月	−0.29

注：* 表示通过 0.01 显著性水平检验。

　　通过以上对相关系数的讨论，可以看出前期大气环流与连阴雨有着不同程度的相关，并且这种相关存在月份差异。总体上看，表征西太副高、北极极涡、东亚大槽、西藏高原和印缅槽的环流指数与连阴雨的相关最显著，这进一步印证了前面的合成分析结果。

2.3.2　太平洋海温

2.3.2.1　前期海温

　　海温一直是一种比较稳定的前期预测信号而被用于短期气候预测中。在本研究中，分别对连阴雨异常年前冬太平洋海温距平进行合成(图 2.19)，可见多连阴雨年在赤道中东太平洋到加利福尼亚海流区为 −0.6～−0.4 ℃ 的冷水区所覆盖，北太平洋中部为 0.6 ℃ 的暖水区，西北太平洋为 −0.4 ℃ 负距平海温分布。少连阴雨年，海温距平分布与多连阴雨年类

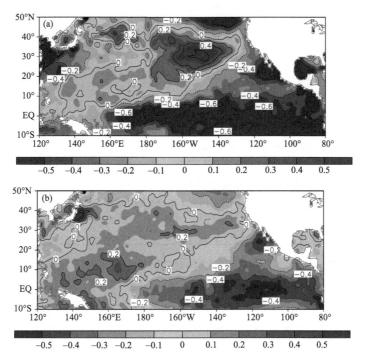

图 2.19　连阴雨异常年前冬北半球太平洋海温距平合成(单位：℃)

(a)多连阴雨年，(b)少连阴雨年

似,只是赤道中东太平洋冷水区、北太平洋暖水区强度不及多连阴雨年,西北太平洋则为海温正距平。这说明,兰州以上连阴雨异常可能与厄尔尼诺、拉尼娜的发生有一定联系,这部分工作有待今后进一步研究。

多连阴雨年的当年春季(图2.20),赤道中东太平洋冷水区的西端向东收缩,强度维持,北太平洋中部的暖水区则进一步扩大,强度进一步加强,出现0.8℃以上的暖中心,与此同时,西北太平洋继续维持偏冷状态。少连阴雨年的当年春季,暖水区自赤道西太平洋向东北移至北太平洋中部,赤道中东太平洋冷水区减弱,西北太平洋暖水区加强。综上所述,北太平洋中部、赤道中东太平洋、西北太平洋、加利福尼亚海流区可能是影响连阴雨的关键区,当前冬赤道中东太平洋和加利福尼亚海流区海温偏冷,北太平洋中部海温偏暖,并持续至当年春季,暖水区进一步扩大并增强,冷水区整体向东收缩并维持时,有利于兰州以上连阴雨偏多。

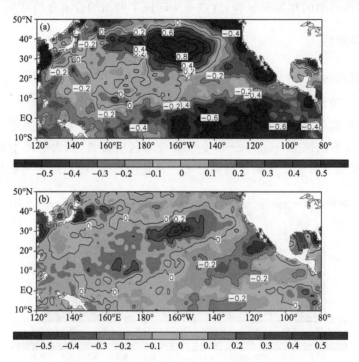

图2.20　连阴雨异常年春季北半球太平洋海温距平合成(单位:℃)
(a)多连阴雨年,(b)少连阴雨年

2.3.2.2　连阴雨与前期海温相关分析

利用国家气候中心提供的26项海温指数,结合上述分析结果,挑选NINO 3区、NINO4区、NINO 3.4区以及NINO W区、西太平洋暖池、西风漂流区、黑潮区海温指数,计算前一年11月至当年4月海温指数与连阴雨频次、持续日数、过程降水量的相关关系。通过分析发现,NINO W区和西太平洋暖池与连阴雨的关系较好,其他地区海温相关较弱且不能延续。表2.9给出了NINO W区和西太平洋暖池区指数与连阴雨持续日数的前期逐月相关系数,可以看出,从前一年11月至当年4月均为稳定的负相关,前一年12月和当年2月相关性都较前一个月有所增强,并在3月相关最显著,4月开始略有减弱。前期海温与连阴雨频次和过程降水量的相关较弱,仅在当年 4 月 NINO 3.4 区海温与连阴雨过程降水量呈现显著负相关,另外,前一年 11 月黑潮区海温与连阴雨持续日数为负相关。

表 2.9 前期海温指数与连阴雨持续日数的相关系数(通过 0.05 显著性水平检验)

月份	NINO W 区海表温度距平指数	西太平洋暖池面积指数	西太平洋暖池强度指数
前一年 11 月	−0.34*	−0.25	−0.32
前一年 12 月	−0.38*	−0.30	−0.36*
当年 1 月	−0.36*	−0.28	−0.34*
当年 2 月	−0.39*	−0.38*	−0.41*
当年 3 月	−0.40*	−0.42*	−0.43*
当年 4 月	−0.31	−0.36*	−0.40*

注:* 表示通过 0.01 显著性水平检验。

综合以上分析,前期的 NINO W 区和西太平洋暖池区海温指数是预测兰州以上连阴雨的一个较好且稳定的先兆信号,当前一年 11 月至当年 4 月 NINO W 区海温距平指数、西太平洋暖池面积和强度指数偏弱时,兰州以上连阴雨可能持续日数偏长。

2.4 兰州以上连阴雨中期预报指标

一场连阴雨的形成是不同尺度天气系统逐步演化的过程,包括前期大气环流背景条件以及特定的天气系统及配置等。每个阶段都有其自身变化规律,阶段之间也存在相互关联。演变规律的分析研究对于未来实际发生的连阴雨预测及防洪决策具有十分重要的借鉴价值。本章将在大量历史资料收集的基础上,对强连阴雨的影响系统和动力、水汽因子等进行系统分析总结,发掘强连阴雨过程中环流的共同关键因素,探索强连阴雨天气的成因并给出预报指标,用于指导实时预报。

2.4.1 区域强连阴雨气候特征

1961—2019 年共出现 82 次区域强连阴雨,平均每年约 1.4 次,其中 7 月出现次数最多,为 28 次,占总数的 34%,其次是 8 月 21 次,占总数的 26%。强连阴雨持续时间平均 7.6 d,最长持续 18 d(1976 年 7 月 24 日—8 月 10 日),其中 5~7 d 连阴雨居多,共 54 次,占总数的 66%,8~10 d 和 11 d 及以上连阴雨次数相当,各占 17%。

强连阴雨过程降水量平均 46.2 mm,最大过程降水量 122.1 mm(1976 年 7 月 24 日—8 月 10 日)。过程日平均降水量 6.1 mm,日降水量以 0~5 mm 居多,占 49%,其次是 5~10 mm,占 36%,日最大降水量 22.5 mm(1967 年 5 月 15 日)。由此可见,兰州以上区域强连阴雨天气具有降水持续时间长、日降水强度小、累计降水量大的特点。

2.4.2 环流特征

图 2.21、图 2.22 分别给出了区域强连阴雨天气(82 个例)200 hPa 和 500 hPa 环流的平

均场合成分布。从 200 hPa 环流场分布可以发现,出现区域强连阴雨天气时,南亚高压中心脊线位于 25°N 附近,1252 dagpm 线闭合中心位于 45°—120°E,兰州以上受高压顶部外围反气旋环流控制,盛行西南风,与此同时,在其北部存在一支强盛的高空西风急流,急流核风速超过 35 m/s,研究区位于急流右后方强辐散区的下方。由图 2.22 可以发现,强连阴雨发生

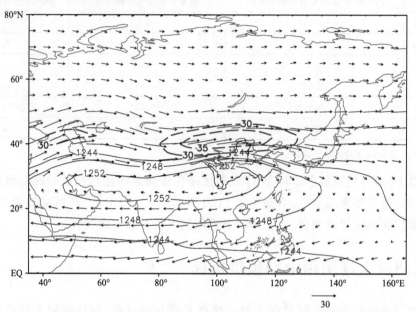

图 2.21　兰州以上区域强连阴雨期间 200 hPa 高度场(实线,单位:dagpm)、
风场(箭头,单位:m/s)及高空急流(虚线,单位:m/s)平均分布

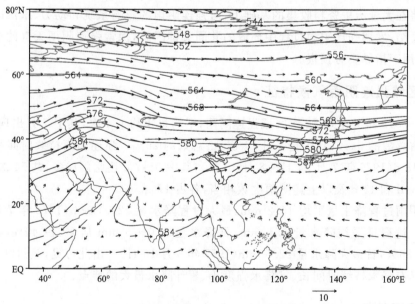

图 2.22　兰州以上区域强连阴雨期间 500 hPa 高度场(实线,单位:dagpm)、
风场(箭头,单位:m/s)平均分布

期间欧亚中高纬度为两槽两脊型,乌拉尔山和贝加尔湖上空为高压脊,巴尔喀什湖和我国东部沿海为低压槽,中低纬度环流场表现为副高主体并没有伸展到我国大陆,中心位于海上,脊线接近28°N,印缅槽较深厚,主体位于65°—95°E,槽前盛行西南气流,从而有利于高原季风和西南季风将孟加拉湾水汽不断地向兰州以上地区输送,同时,巴尔喀什湖低槽区内不断有冷空气分裂东移南下,冷暖空气交汇于长江、黄河上游一带,造成该地区强连阴雨天气。

为在连阴雨预报中能给预报员更详细的参考,表2.10给出了前述统计的82个强连阴雨过程每个个例高、低空环流及主要影响系统特征。

表 2.10　兰州以上区域强连阴雨天气个例高、低空环流特征

年份	月.日	南亚高压 中心范围(强度)	高空急流风速 ≥30 m/s 南界位置、 急流核最大风速	500 hPa 中高纬 环流型	副热带高压中心 脊线/西伸脊点 (中心强度)	印缅槽*
1961	6.14—6.19	100°—125°E,25°—35°N (1252 dagpm)	35°N 45 m/s	两槽两脊-Ⅰ	25°N/147°E (588 dagpm)	浅
1961	6.25—6.30	97°—107°E,28°—31°N (1256 dagpm)	36°N 40 m/s	两脊一槽	30°N/140°E (588 dagpm)	深
1961	8.12—8.22	35°—130°E,25°—35°N (1256 dagpm)	35°N 40 m/s	两脊一槽	33°N/123°E (588 dagpm)	深
1961	9.26—10.1	105°—115°E,24°—26°N (1248 dagpm)	35°N 50 m/s	两脊一槽	31°N/147°E (588 dagpm)	较深
1961	10.9—10.16	95°—110°E,20°—28°N (1244 dagpm)	34°N 50 m/s	两槽两脊-Ⅰ	(584 dagpm)	浅
1962	7.22—7.26	63°—100°E,25°—5°N (1256 dagpm)	37°N 40 m/s	两脊一槽	35°N/130°E (588 dagpm)	深
1963	9.13—9.22	95°—150°E,25°—32°N (1252 dagpm)	38°N 50 m/s	多波型	24°N/126°E (588 dagpm)	较深
1964	7.19—7.24	90°—115°E,30°—35°N (1256 dagpm)	40°N 40 m/s	两槽一脊	31°N/131°E (588 dagpm)	浅
1966	8.13—8.18	92°—100°E,32°—35°N (1260 dagpm)	40°N 45 m/s	多波型	33°N/145°E (588 dagpm)	浅

续表

年份	月.日	南亚高压中心范围（强度）	高空急流风速≥30 m/s 南界位置、急流核最大风速	500 hPa 中高纬环流型	副热带高压中心脊线/西伸脊点（中心强度）	印缅槽*
1966	9.9—9.14	67°—97°E,22°—30°N（1248 dagpm）	39°N 55 m/s	两槽一脊	32°N/149°E（588 dagpm）	浅
1967	5.2—5.6	95°—120°E,5°—20°N（1244 dagpm）	35°N 40 m/s	多波型	（584 dagpm）	浅
1967	5.13—5.21	95°—102°E,15°—20°N（1248 dagpm）	25°N 35 m/s	多波型	（584 dagpm）	较深
1967	6.16—6.20	55°—125°E,20°—30°N（1248 dagpm）	35°N 45 m/s	两槽两脊-Ⅰ	25°N/152°E（588 dagpm）	浅
1967	7.16—7.21	77°—88°E,30°—35°N（1260 dagpm）	40°N 30m/s	两槽两脊-Ⅱ	27°N/111°E（588 dagpm）	浅
1967	8.7—8.11	65°—127°E,25°—35°N（1256 dagpm）	39°N 40 m/s	一槽一脊	34°N/109°E（588 dagpm）	较深
1967	8.21—9.6	102°—127°E,30°—35°N（1256 dagpm）	40°N 50 m/s	一槽一脊	33°N/114°E（588 dagpm）	较深
1968	6.30—7.7	50°—60°E,30°—34°N（1256 dagpm）	35°N 40 m/s	多波型	21°N/131°E（588 dagpm）	较深
1968	7.25—8.3	50°—63°E,30°—35°N（1256 dagpm）	40°N 35 m/s	多波型	36°N/156°E（588 dagpm）	较深
1968	8.23—8.27	95°—120°E,27°—34°N（1256 dagpm）	37°N 55 m/s	多波型	28°N/140°E（588 dagpm）	较深
1968	8.31—9.11	83°—115°E,22°—30°N（1252 dagpm）	35°N 45 m/s	两脊一槽	（584 dagpm）	浅
1970	8.14—8.18	97°—110°E,30°—35°N（1260 dagpm）	40°N 45 m/s	两脊一槽	32°N/135°E 588 dagpm	深

续表

年份	月.日	南亚高压中心范围（强度）	高空急流风速≥30 m/s南界位置、急流核最大风速	500 hPa 中高纬环流型	副热带高压中心脊线/西伸脊点（中心强度）	印缅槽*
1971	7.6—7.10	50°—90°E,28°—35°N (1256 dagpm)	38°N 35 m/s	两槽两脊-Ⅱ	29°N/137°E (588 dagpm)	浅
1972	7.5—7.9	83°—123°E,25°—35°N (1256 dagpm)	38°N 45 m/s	一槽一脊	29°N/132°E (588 dagpm)	深
1973	8.15—8.20	40°—145°E,25°—35°N (1252 dagpm)	39°N 45 m/s	多波型	33°N/130°E (592 dagpm)	深
1975	7.6—7.10	95°—110°E,27°—32°N (1256 dagpm)	36°N 50 m/s	两槽两脊-Ⅱ	28°N/136°E (588 dagpm)	深
1976	6.14—6.27	85°—115°E,20°—31°N (1248 dagpm)	36°N 30 m/s	两槽两脊-Ⅰ	25°N/152°E (588 dagpm)	浅
1976	7.24—8.10	90°—115°E,30°—35°N (1256 dagpm)	38°N 45 m/s	两脊一槽	32°N/130°E (588 dagpm)	较深
1976	8.18—8.24	60°—100°E,27°—32°N (1252 dagpm)	38°N 50 m/s	一槽一脊	31°N/119°E (588 dagpm)	浅
1977	7.5—7.11	40°—125°E,25°—35°N (1256 dagpm)	35°N 45 m/s	多波型	26°N/113°E (588 dagpm)	深
1977	8.1—8.8	80°—115°E,30°—35°N (1260 dagpm)	39°N 50 m/s	一槽一脊	30°N/110°E (588 dagpm)	深
1978	7.11—7.15	90°—100°E,30°—35°N (1260 dagpm)	38°N 45 m/s	两槽两脊-Ⅱ	29°N/107°E (592 dagpm)	深
1978	7.25—7.30	45°—60°E,35°—40°N (1260 dagpm)	43°N 30 m/s	多波型	35°N/127°E (588 dagpm)	浅
1978	8.24—9.7	65°—118°E,25°—35°N (1252 dagpm)	40°N 50 m/s	多波型	32°N/110°E (588 dagpm)	较深

续表

年份	月.日	南亚高压中心范围(强度)	高空急流风速≥30 m/s南界位置、急流核最大风速	500 hPa 中高纬环流型	副热带高压中心脊线/西伸脊点(中心强度)	印缅槽 *
1979	7.25—8.2	35°—132°E,25°—38°N (1256 dagpm)	40°N 35 m/s	多波型	33°N/108°E (592 dagpm)	深
1980	6.14—6.18	45°—115°E,20°—30°N (1256 dagpm)	35°N 45 m/s	两槽一脊	20°N/105°E (588 dagpm)	较深
1980	7.7—7.14	53°—77°E,25°—35°N (1260 dagpm)	37°N 40 m/s	多波型	26°N/121°E (592 dagpm)	深
1981	8.5—8.10	55°—125°E,25°—35°N (1256 dagpm)	37°N 40 m/s	一槽一脊	28°N/112°E (588 dagpm)	深
1981	8.16—8.24	95°—105°E,30°—31°N (1260 dagpm)	37°N 45 m/s	两脊一槽	17°N/160°E (588 dagpm)	较深
1982	8.27—9.6	85°—115°E,25°—35°N (1256 dagpm)	35°N 50 m/s	一槽一脊	27°N/100°E (588 dagpm)	深
1983	8.13—8.18	40°—110°E,25°—35°N (1256 dagpm)	36°N 35 m/s	多波型	31°N/136°E (588 dagpm)	深
1984	6.12—6.25	55°—60°E,30°—35°N (1256 dagpm)	35°N 35 m/s	多波型	33°N/154°E (588 dagpm)	深
1984	7.9—7.13	50°—63°E,35°—41°N (1260 dagpm)	37°N 45 m/s	多波型	27°N/116°E (588 dagpm)	浅
1984	9.21—9.26	75°—155°E,10°—25°N (1244 dagpm)	35°N 45 m/s	多波型	25°N/163°E (588 dagpm)	较深
1985	5.24—5.30	90°—105°E,18°—24°N (1252 dagpm)	32°N 40 m/s	多波型	23°N/156°E (588 dagpm)	较深
1985	8.21—8.28	40°—110°E,25°—33°N (1256 dagpm)	36°N 40 m/s	多波型	34°N/110°E (588 dagpm)	深

续表

年份	月.日	南亚高压 中心范围(强度)	高空急流风速 ≥30 m/s 南界位置、 急流核最大风速	500 hPa 中高纬 环流型	副热带高压中心 脊线/西伸脊点 (中心强度)	印缅槽*
1986	5.29—6.3	85°—127°E,15°—28°N (1248 dagpm)	32°N 40 m/s	多波型	25°N/146°E (588 dagpm)	较深
1986	6.28—7.4	50°—63°E,33°—37°N (1260 dagpm)	36°N 45 m/s	两槽一脊	24°N/130°E (588 dagpm)	较深
1987	5.21—5.25	85°—130°E,5°—20°N (1248 dagpm)	37°N 45 m/s	一槽一脊	23°N/127°E (588 dagpm)	深
1987	6.9—6.14	35°—135°E,10°—27°N (1252 dagpm)	35°N 40 m/s	多波型	5°N/89°E (588 dagpm)	较深
1990	8.12—8.17	40°—120°E,25°—35°N (1256 dagpm)	37°N 45 m/s	多波型	30°N/106°E (592 dagpm)	深
1992	6.14—6.19	85°—105°E,20°—27°N (1252 dagpm)	35°N 40 m/s	两槽两脊-Ⅰ	21°N/132°E (588 dagpm)	较深
1992	7.22—7.28	45°—75°E,28°—35°N (1256 dagpm)	39°N 40 m/s	多波型	31°N/107°E (588 dagpm)	较深
1992	8.7—8.12	85°—113°E,30°—35°N (1256 dagpm)	40°N 45 m/s	两槽一脊	30°N/95°E (588 dagpm)	深
1992	9.10—9.15	50°—130°E,20°—32°N (1248 dagpm)	36°N 55 m/s	一槽一脊	25°N/109°E (588 dagpm)	较深
1992	9.20—9.25	75°—135°E,20°—27°N (1248 dagpm)	36°N 40 m/s	多波型	27°N/127°E (588 dagpm)	较深
1993	7.11—7.21	40°—110°E,25°—35°N (1256 dagpm)	36°N 35 m/s	多波型	24°N/119°E (588 dagpm)	较深
1995	7.28—8.1	50°—115°E,28°—35°N (1256 dagpm)	40°N 45 m/s	一槽一脊	30°N/115°E (588 dagpm)	浅

年份	月.日	南亚高压中心范围(强度)	高空急流风速≥30 m/s南界位置、急流核最大风速	500 hPa中高纬环流型	副热带高压中心脊线/西伸脊点(中心强度)	印缅槽*
1995	8.27—8.31	40°—120°E,22°—35°N (1252 dagpm)	35°N 40 m/s	两槽两脊-Ⅰ	29°N/107°E (588 dagpm)	较深
1996	7.24—7.30	55°—65°E,35°—40°N (1260 dagpm)	无	多波型	33°N/120°E (588 dagpm)	较深
1997	7.1—7.6	55°—105°E,25°—33°N (1256 dagpm)	38°N 40 m/s	两槽一脊	25°N/126°E (588 dagpm)	较深
1999	7.12—7.16	80°—90°E,28°—31°N (1256 dagpm)	35°N 30 m/s	两槽一脊	30°N/155°E (588 dagpm)	较深
2000	6.22—6.27	35°—105°E,25°—30°N (1252 dagpm)	37°N 30 m/s	两槽两脊-Ⅱ	23°N/116°E (588 dagpm)	较深
2002	6.17—6.21	50°—60°E,25°—30°N (1256 dagpm)	35°N 35 m/s	两槽一脊	22°N/120°E (588 dagpm)	较深
2003	7.7—7.15	45°—60°E,30°—35°N (1260 dagpm)	36°N 35 m/s	两槽一脊	25°N/109°E (588 dagpm)	较深
2003	8.24—8.31	55°—115°E,25°—35°N (1256 dagpm)	36°N 45 m/s	一槽一脊	27°N/108°E (588 dagpm)	深
2007	6.9—6.21	50°—65°E,25°—30°N (1256 dagpm)	无	多波型	22°N/133°E (588 dagpm)	较深
2007	6.30—7.5	48°—67°E,25°—35°N (1260 dagpm)	36°N 40 m/s	两槽两脊-Ⅰ	24°N/114°E (588 dagpm)	较深
2007	8.25—8.30	40°—110°E,25°—35°N (1256 dagpm)	39°N 40 m/s	多波型	32°N/104°E (588 dagpm)	浅
2008	9.21—9.27	105°—115°E,28°—33°N (1252 dagpm)	35°N 55 m/s	多波型	29°N/106°E (588 dagpm)	较深

续表

年份	月.日	南亚高压中心范围（强度）	高空急流风速≥30 m/s南界位置、急流核最大风速	500 hPa中高纬环流型	副热带高压中心脊线/西伸脊点（中心强度）	印缅槽*
2010	6.27—7.4	40°—110°E,25°—35°N (1260 dagpm)	38°N 40 m/s	两槽两脊-Ⅰ	23°N/105°E (588 dagpm)	深
2011	9.1—9.7	95°—110°E,27°—31°N (1256 dagpm)	36°N 45 m/s	两槽两脊-Ⅱ	40°N/152°E (592 dagpm)	深
2011	8.14—8.24	55°—95°E,25°—35°N (1256 dagpm)	40°N 35 m/s	两槽两脊-Ⅰ	24°N/109°E (592 dagpm)	浅
2012	7.17—7.24	72°—97°E,27°—32°N (1260 dagpm)	35°N 35 m/s	两脊一槽	31°N/123°E (588 dagpm)	深
2013	7.24—7.28	40°—70°E,27°—38°N (1260 dagpm)	38°N 35 m/s	多波型	27°N/109°E (588 dagpm)	深
2014	9.6—9.16	77°—130°E,22°—35°N (1252 dagpm)	36°N 50 m/s	多波型	26°N/106°E (588 dagpm)	深
2015	6.28—7.4	50°—62°E,25°—32°N (1264 dagpm)	36°N 40 m/s	两槽一脊	22°N/105°E (592 dagpm)	浅
2016	5.20—5.25	95°—115°E,15°—20°N (1256 dagpm)	27°N 40 m/s	一槽一脊	带状 (588 dagpm)	较深
2016	7.7—7.13	85°—97°E,30°—35°N (1264 dagpm)	37°N 30 m/s	多波型	22°N/125°E (588 dagpm)	深
2017	8.19—8.29	90°—107°E,30°—35°N (1260 dagpm)	38°N 50 m/s	一槽一脊	30°N/95°E (592 dagpm)	深
2018	8.29—9.4	80°—105°E,28°—35°N (1260 dagpm)	38°N 55 m/s	两槽两脊-Ⅰ	28°N/137°E (592 dagpm)	浅
2019	5.2—5.7	70°—117°E,10°—25°N (1252 dagpm)	25°N 50 m/s	两槽两脊-Ⅰ	带状 (592 dagpm)	较深

续表

年份	月.日	南亚高压 中心范围(强度)	高空急流风速 ≥30 m/s 南界位置、 急流核最大风速	500 hPa 中高纬 环流型	副热带高压中心 脊线/西伸脊点 (中心强度)	印缅槽*
2019	6.14—6.27	90°—105°E,25°—30°N (1260 dagpm)	35°N 35 m/s	两槽一脊	19°N/105°E (592 dagpm)	浅

注:印缅槽按印缅地区划分为深、较深、浅三级,如具有气旋性环流的闭合低压,记作深,有气旋性环流但无闭合低压,记作较深,仅有气旋性环流,记作浅。当副热带高压中心强度为 584 dagpm 时,表中不再统计中心脊线和中心强度信息。

由以上个例统计可以发现,200 hPa 高度上,主要影响系统是南亚高压和高空西风急流。南压高压的分布形态按中心最大强度划分为四种:1244～1248 dagpm(12 个个例)、1252 dagpm(14 个个例)、1256 dagpm(35 个个例)、1260～1264 dagpm(21 个个例)。从图2.23 可以看出,当南亚高压中心强度小于 1252 dagpm 时,高压中心散布在 5°—35°N,位置明显偏南,从时间分布来看均出现在 5—6 月以及 9 月中旬以后,对应南亚高压较弱时段。当中心强度达到 1252 dagpm 时,闭合中心位于 20°—35°N,当中心强度达到 1256 dagpm 时,闭合中心位于 22°—37°N,这种类型的南亚高压出现次数最多,有 35 例,并且主要出现在 7—8月,当中心强度达到 1260 dagpm 及以上时,闭合中心位于 25°—38°N,主要出现在 7 月。综上所述,南压高压越强,位置越偏北,并且随着强度增强,闭合中心线从接近源区到覆盖在源区上空。时间分布上,5—6 月南亚高压中心强度一般在 1252 dagpm 及以下,7—8 月达到1256 dagpm 及以上,9 月再减弱至 1252 dagpm 及以下。高空西风急流南界平均位于36.5°N,普遍位于 35°—38°N(56 个个例),急流核最大风速平均 42 m/s,普遍为 40～50 m/s(56 个个例)。

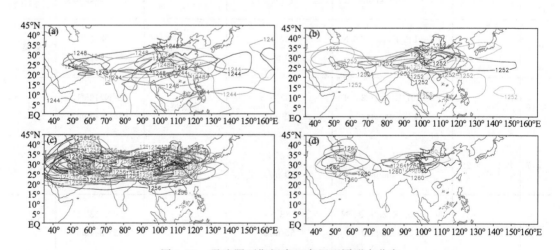

图 2.23　强连阴雨期间南亚高压不同形态分布
(a)中心强度 1244～1248 dagpm,(b)中心强度 1252 dagpm,(c)中心最大强度 1256 dagpm,
(d)中心强度 1260～1264 dagpm

　　对 500 hPa 环流及主要影响系统的统计结果发现,强连阴雨期间中高纬度表现为六种环流型,分别是多波型、一槽一脊型、两槽一脊型、两脊一槽型、两槽两脊-Ⅰ型和两槽两脊-Ⅱ型,并以多波型居多(32 例),见图 2.24。各型特点不再赘述,可以看出,共同特征是欧亚中高纬度环流经向度明显(多波型除外),十分有利于冷空气向南侵袭,而中低纬度地区印缅槽或者副高活跃,兰州以上处于高空槽前(底)及副高外围西北侧地区,高空槽带来的北方冷空气与副高外围或者印缅槽前从南海、孟加拉湾等地输送的暖湿空气相结合,从而造成该地强连阴雨。多波型的特点是欧亚中高纬度以纬向环流为主,偏西或弱西南气流上多短波槽活动。

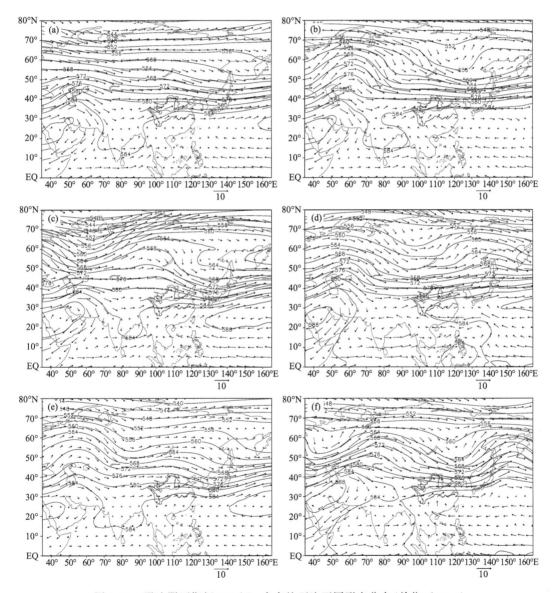

图 2.24　强连阴雨期间 500 hPa 中高纬环流不同形态分布(单位:dagpm)
(a)多波型,(b)一槽一脊型,(c)两槽一脊型,(d)两脊一槽型,(e)两槽两脊-Ⅰ型,(f)两槽两脊-Ⅱ型

据统计,强连阴雨期间副高出现概率达93%,可见副高是连阴雨发生的中低纬度主要影响系统。以120°E为界,将副高划分为西部、东部两种类型,各型分布见图2.25。西部型共出现37例,西伸脊点平均位于109°E,中心脊线在27.7°N,东部型39例,西伸脊点平均位于138°E,中心脊线在28.2°N。可以看出,二者南北位置差别不大,东西位置相差近30个经度。当副高偏西时(图2.25a),研究区位于副高西北侧,副高外围暖湿气流所携带的水汽为冷暖气流交汇提供了必要条件。当副高偏东时(图2.25b),主体虽然位于海上,但584 dagpm线压在长江上中游至孟加拉湾中部一带,研究区位于584 dagpm线西北边缘,此时主要依靠印缅槽为其提供水汽。印缅槽在强连阴雨期间出现概率为76%,含34%的个例具有闭合低压,说明印缅槽也是造成强连阴雨的一个很重要的天气系统。

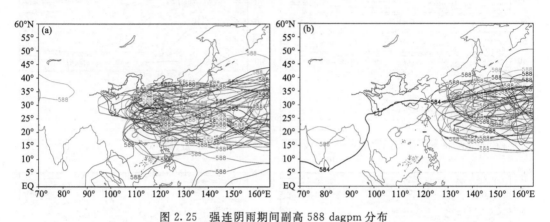

图2.25　强连阴雨期间副高588 dagpm分布
(a)西伸脊点120°E以西,(b)西伸脊点120°E以东(黑色实线为584 dagpm平均位置)

进一步统计发现,印缅槽强弱与副高588 dagpm线东西位置可任意配置,其共同点是为研究区提供水汽,印缅槽强弱与中高纬环流的配置情况为,当中高纬出现多波型和一槽一脊型时,印缅槽较强,偏深及深概率达84%,出现其他环流型时,印缅槽强弱可任意配置。副高和中高纬环流的配置情况为,当中高纬出现两脊一槽型时,副高容易偏东,出现其他型时,副高东西位置可任意配置。

对不同天气系统对应强连阴雨特征量的统计结果见表2.11。可以看出,南亚高压中心强度在1252～1256 dagpm时,对应的连阴雨最强,其中连阴雨过程持续日数达7.8～7.9 d、过程降水量为46.6～50.4 mm,而南亚高压中心强度达1260～1264 dagpm时,连阴雨强度并非最强;副高588 dagpm线偏西比偏东时连阴雨更强;当中高纬度出现两脊一槽环流型比出现其他型连阴雨更明显,此时乌拉尔山和东亚沿海为高压脊,贝加尔湖附近为宽广的低压槽,在该环流型下,连阴雨过程持续日数接近9 d,过程降水量达56.8 mm,日平均降水量达6.5 mm,其次是多波型,最弱的是两槽两脊-Ⅱ型;印缅槽深比浅时连阴雨更显著。

表 2.11　不同天气系统对应连阴雨特征量

主要天气系统及环流型	形态	过程持续日数/d	过程降水量/mm	日平均降水量/mm
南亚高压	1244~1248 dagpm	6.8	38.0	5.6
	1252 dagpm	7.9	46.6	5.9
	1256 dagpm	7.8	50.4	6.4
	1260~1264 dagpm	7.3	43.6	6.1
副热带高压	588 dagpm 偏东	7.4	45.3	6.2
	588 dagpm 偏西	7.8	47.8	6.2
中高纬环流型	多波型	7.8	48.9	6.3
	一槽一脊型	7.7	46.3	6.0
	两槽一脊型	6.9	41.6	6.2
	两脊一槽型	8.9	56.8	6.5
	两槽两脊-Ⅰ型	7.5	40.2	5.4
	两槽两脊-Ⅱ型	5.7	35.4	6.3
印缅槽	深	7.4	46.4	6.3
	较深	7.6	47.6	6.0
	浅	7.3	43.6	6.1

2.4.3　物理量场分析

区域强连阴雨天气的发生除了与高低层大气环流异常有关外,还与该区低层大气的水汽含量以及垂直运动密切相关。充沛的水汽是降水产生的重要条件,相对湿度是日常降水预报的重要水汽参数,以往的研究表明,源区水汽主要集中在 400 hPa 以下(张荣刚 等,2018)。要形成持续性降雨,除了充足的水汽供应外,还必须有上升运动相配合,使得水汽、动量、热量等物理量在垂直方向上输送,继而为连阴雨的维持和发展提供动力。为此,对上述 82 场强连阴雨期间相对湿度和垂直速度进行合成分析,结果见图 2.26。可以看出,在

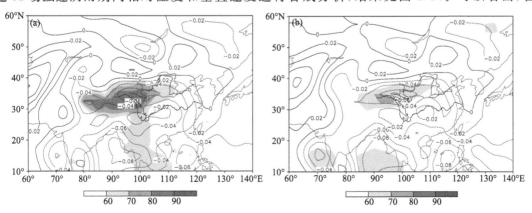

图 2.26　强连阴雨期间平均相对湿度(%)和垂直运动(Pa/s)

(a)500 hPa,(b)400 hPa

500～400 hPa 高度层上,副高外围气流和印缅槽前西南气流输送来的水汽在兰州以上形成一条近似东西向的高湿区,500 hPa 高度层上,研究区大部处于相对湿度超过 80％的高湿区内,400 hPa 高度层具有类似分布,只是强度稍弱但也达 60％以上。从垂直运动分布来看,强连阴雨期间 500～400 hPa 研究区上空为上升运动的大值区(垂直速度为负表示为上升),最大上升速度超过 0.06 Pa/s。

2.4.4　中期预报指标

表 2.12 根据前述分析的环流平均特征以及表 2.10 中的个例分析,总结了兰州以上发生区域强连阴雨天气的中期预报指标,需要指出的是,本书对造成多数连阴雨个例的影响系统的共同特征予以提取,对非典型天气系统控制下的强连阴雨个例暂不在归纳范围。

表 2.12　兰州以上强连阴雨天气中期预报指标

主要影响系统	天气形势
南亚高压	中心范围 40°—120°E、20°—40°N;中心强度 1252 dagpm 及以上,7—8 月最强可达 1260～1264 dagpm;闭合中心线接近或者覆盖研究区上空,高压越强,闭合中心越偏北
高空西风急流	≥30 m/s 的急流南界位于 35°—38°N,平均位置在 36.5°N;急流核最大风速 40～50 m/s,平均 42 m/s;研究区位于急流右后方强辐散区的下方
500 hPa 中高纬环流	6 种环流型,多波型居多,其余五种环流型经向度较大
副高	副高出现概率达 93％,当副高偏东时,主体虽然位于海上,但 584 dagpm 线压在长江上中游至孟加拉湾中部一带,研究区位于 584 dagpm 线西北边缘;副高和中高纬环流的配置为,当中纬度出现两脊一槽型时,副高容易偏东,出现其他型时,副高东西位置可任意配置
印缅槽	印缅槽出现概率 76％,印缅槽强弱与副高 588 dagpm 线东西位置可任意配置,印缅槽强弱与中高纬度环流的配置为,当中高纬度出现多波型和一槽一脊型时,印缅槽较强,偏深及深概率达 84％,出现其他环流型时,印缅槽强弱可任意配置

第 3 章　黄河中游暴雨环流分型及物理量诊断分析

　　黄河中游是黄河流域最主要的洪水来源区,黄河大洪水主要源自该区域的极端暴雨。例如,"33·8""58·7""82·8""96·8"等典型大洪水均是由黄河中游区域性强降水过程造成的(丁一汇 等,1987;苏爱芳 等,1997;张志红 等,2000;高亚军 等,2022)。黄河中游地区具有明显的大陆性季风气候特征,绝大部分属干旱半干旱区,跨越温带和暖温带。夏季,随着南亚高压和印度低压的建立,以及西太平洋副热带高压增强西进北上,西南、东南气流将大量海洋暖湿空气向北输送,与北方南下的干冷空气相互交绥,往往会形成强降水,引发暴雨。这种暴雨的中心日雨量可达 $100 \sim 600$ mm 或以上,暴雨量多集中于 $6 \sim 20$ h,范围常达 1 万 km^2 以上,日暴雨区内降水总量可达 20 亿 m^3 (高治定 等,1991)。该区域暴雨具有不确定性强、预见期短、预报难度大的特点,给防洪带来极大风险。

3.1　中游暴雨过程选取

　　选取 1980—2019 年黄河中游 29 场典型暴雨过程,这些过程主要集中发生在 7—9 月,其中 7 月暴雨过程场次最多,达 16 场,8 月次之,为 7 场,9 月发生 6 场。有 13 场暴雨中心出现在三花区间,10 场出现在山陕区间,其余 6 场出现在泾渭洛河,各场暴雨累计雨量最大点的统计信息见表 3.1。

表 3.1　29 场典型暴雨过程累计雨量最大点统计信息

年份	暴雨过程起止日期(月.日)	站名	经度/°E	纬度/°N	流域	累计雨量/mm
1982	7.29—8.2	陆浑	112.10	34.15	三花区间	766
1984	8.1—8.3	麻黄山	107.40	37.78	泾渭洛河	142
1988	8.3—8.5	古城	111.07	39.03	山陕区间	166
1989	7.20—7.22	温家川	110.50	38.83	山陕区间	196
1996	7.31—8.4	花园	112.58	35.07	三花区间	328
2003	8.25—8.29	洛南	110.13	34.08	三花区间	256
	9.17—9.19	石井	112.15	34.72	三花区间	149
	9.29—10.1	洛南	110.13	34.08	三花区间	95
2006	8.26—8.31	宁县	108.00	35.42	泾渭洛河	198
2007	7.4—7.6	栾川	111.60	33.78	三花区间	122
	7.26—7.30	垣曲	111.80	35.17	三花区间	328

年份	暴雨过程起止日期(月.日)	站名	经度/°E	纬度/°N	流域	累计雨量/mm
2009	7.19—7.22	李垣	112.25	36.15	三花区间	176
	8.15—8.18	小关	112.98	34.77	三花区间	158
2010	7.22—7.24	华亭	106.65	35.22	泾渭洛河	265
2011	7.1—7.2	横河	112.42	35.48	三花区间	203
	9.10—9.13	赵堡	112.17	34.52	三花区间	182
	9.16—9.19	金盆	108.20	34.17	泾渭洛河	233
2012	7.20—7.21	新庙	111.07	39.03	山陕区间	176
	7.26—7.27	申家湾	110.48	38.02	山陕区间	288
	8.30—9.1	石砭峪	108.93	34.17	泾渭洛河	134
2013	7.7—7.13	延川	110.18	36.88	山陕区间	398
	7.21—7.22	灵台	107.62	35.07	泾渭洛河	199
2014	7.8—7.9	稍道河	110.27	36.75	山陕区间	161
	9.13—9.16	龙咀	111.42	34.52	三花区间	234
2016	7.18—7.19	沾尚	113.48	37.63	山陕区间	267
2017	7.25—7.28	李家圪	109.63	37.62	山陕区间	272
2018	7.10	杨桥畔	109.03	37.62	山陕区间	121
2019	8.3—8.4	黄龙庙	112.41	35.49	三花区间	322
	9.9—9.11	官庄	110.32	35.63	山陕区间	157

3.2　中游暴雨影响系统

引发黄河中游暴雨的天气系统主要有西风槽、西北太平洋副热带高压、低空切变线、低空低涡、低空急流、热带气旋等,在它们的有利结合下可以形成各种强降水,分别对这些系统进行详细介绍。

(1)西风槽

影响黄河中游降水的西风带长波槽包括巴尔喀什湖低槽、贝加尔湖低槽、青藏高原西部低槽等(朱乾根 等,2003)。当上述西风带长波槽存在时,其上通常会不断分裂短波槽且东移,造成黄河中游纬向型降水。当短波槽加深增强时,可造成暴雨,引起高空短波槽加强的条件有以下几种:第一,当短波槽移至河套地区时,东部有副高阻挡作用,且西部大陆高压加强发展,可使短波槽加深;第二,当南北两个短波槽叠加时,可形成一条经向度加大的深槽,此外,当短波槽与西南涡或西北涡结合且形成"北槽南涡"时,可使降水加强(胡一三 等,2021)。

（2）西北太平洋副热带高压

西北太平洋副热带高压是指出现在对流层中下层位于西北太平洋上的暖高压,通常简称为副高。副高对黄河流域降水的影响与其脊线位置和西伸脊点位置有关。当副高脊线位于 25°N 以北、西伸脊点位于 110°E 附近时,有利于黄河中游降水。副高外围的偏南气流将海面上的暖湿空气输送至黄河中游,为降水的发生提供了有利的水汽和能量条件。副高西北部边缘与西风带系统相互作用的地区,常伴有低空切变线、低涡以及锋面系统的生成,有利于出现暴雨天气,如副高主体控制日本海一带,其南侧有热带气旋活动,在有利的形势下会导致极端暴雨的发生。

（3）低空切变线

低空切变线一般指出现在 850 hPa 或 700 hPa 等压面上风场具有气旋式切变的不连续线,可分为冷切变、暖切变和准静止切变,引发黄河中游暴雨的一般为冷式切变和暖式切变。冷式切变在风场上一般为偏北风与西南风的切变(图 3.1a),偏北风占主导地位。暖式切变则为西南风与东南风的切变(图 3.1b),西南风占主导地位。暖式切变可稳定维持较长时间,造成同一地区出现连续暴雨。

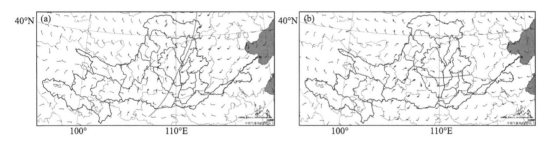

图 3.1　700 hPa 切变线

(a)冷式切变,(b)暖式切变

（4）低空低涡

低空低涡是指存在于地面 2~3 km 上空的闭合小低压,比较常见的有生成于四川的西南涡、生成于青海高原的西北涡和生成于西藏地区的高原涡。低涡形成后大多在原地减弱、消失,只能引起生成地及附近地区的天气变化。但当低涡东移加强时,就有可能使黄河中游出现暴雨,暴雨区主要分布在低涡的中心区和低涡移向的右前方。

（5）低空急流

日常工作中,通常把 850 hPa 或 700 hPa 等压面上风速≥12 m/s 的西南风极大风速带称为低空急流,其存在于西北太平洋副热带高压西侧或北侧,且其左侧常有切变线和低涡活动。黄河中游暴雨多数伴有西南风低空急流,低空急流的气流大多来自热带洋面上,为暴雨区源源不断地输送热量、水汽和动量,暴雨多出现在低空急流左侧 200 km 以内,且多数降落在低空急流中心的左前方(朱乾根 等,2003)。

（6）热带气旋

热带气旋(TC)是发生在热带或副热带洋面上的低压涡旋,被称为最强的暴雨天气系统,国内外有记录的暴雨极值都是由 TC 导致的(任福民 等,2019)。TC 暴雨区大体可以分为两个区域,即 TC 环流本身的暴雨区和远距离暴雨区,后者造成的暴雨灾害不亚于前者。黄河中游三花区间易受 TC 影响,产生的暴雨大多为远距离暴雨,且一般有西风带低值系统和西北太平洋副热带高压的配合。当西风带低压槽、冷涡或小股渗透南下的弱冷空气与北上 TC 携带的暖湿空气相遇时,大气不稳定度增大,对流增强(赵静 等,2014);如副高中心位于日本海至朝鲜半岛一带,位置稳定,并加强西伸,TC 位于副高南侧,其与副高之间形成较大的气压梯度力,偏东风急流持续向黄河中游输送水汽和能量,将有利于极端暴雨的发生。

当天气尺度系统强烈发展或停滞摆动时,则易造成较强而持续的降水。此外,各种天气尺度系统的叠加也会使降水强度增强。在稳定的环流形势下(一般多为纬向型),天气尺度系统沿同一路径移动,因而在移动路径上的地区,往往受若干个天气尺度系统的重复作用,接连出现几次暴雨,从而形成持续性特大暴雨。

3.3 中游暴雨天气学概念模型

3.3.1 夏汛期暴雨天气学概念模型

通过分析黄河中游 23 场夏汛期暴雨个例的大气环流演变特征,主要依据 500 hPa 环流形势,对夏汛期暴雨进行环流分型(表 3.2)。由表 3.2 可知,产生夏汛期暴雨的大气环流形势有巴尔喀什湖低槽型、贝加尔湖低槽型、热带气旋—冷空气结合型三种,其中以巴尔喀什湖低槽型居多,共发生 10 场,约占 43%,贝加尔湖低槽型次之,发生 8 场,约占 35%,热带气旋—冷空气结合型最少,发生 5 次,约占 22%。

表 3.2　黄河中游夏汛期暴雨环流分型

环流型	个例(年.月.日)
巴尔喀什湖低槽型	1984.8.1—1984.8.3、1988.8.3—1988.8.5、1989.7.20—1989.7.22、2003.8.24—2003.8.29、2007.7.4—2007.7.6、2007.7.26—2007.7.30、2011.7.1—2011.7.2、2013.7.7—2013.7.13、2016.7.18—2016.7.19、2019.8.3—2019.8.4
贝加尔湖低槽型	2006.8.26—2006.8.31、2009.8.15—2009.8.18、2012.7.20—2012.7.21、2012.7.26—2012.7.27、2012.8.30—2012.9.1、2013.7.21—2013.7.22、2017.7.25—2017.7.28、2018.7.10
热带气旋—冷空气结合型	1982.7.29—1982.8.2、1996.7.31—1996.8.4、2009.7.19—2009.7.22、2010.7.22—2010.7.24、2014.7.8—2014.7.9

1)巴尔喀什湖低槽型

巴尔喀什湖低槽型的主要环流特征为:亚洲中高纬度为两槽一脊环流型,两槽分别位于巴尔喀什湖和我国东北地区上空,高压脊位于贝加尔湖附近;副高偏强偏西,西伸脊点位于 105°E 以西,且稳定少动,对西风槽东移起阻挡作用;巴尔喀什湖低槽移至我国西北上空后和副高西北侧的西南气流在黄河中游叠加,引发暴雨。以 1989 年 7 月 20—22 日山陕区间暴雨过程为例进行详细分析。

(1)1989 年 7 月 20—22 日降水概况

1989 年 7 月 20—22 日,黄河中游山陕北部发生一次中到大雨为主、局部暴雨的强降水过程(图 3.2)。山陕北部 3 d 累计面雨量 61 mm,50 mm 以上笼罩面积 3.7 万 km²,100 mm 以上笼罩面积 0.26 万 km²。其中,位于陕西神木的温家川站的累计降水量达 196 mm,此水文站 20 日无降水,21 日和 22 日的降水量分别为 51.4 mm 和 144.4 mm。

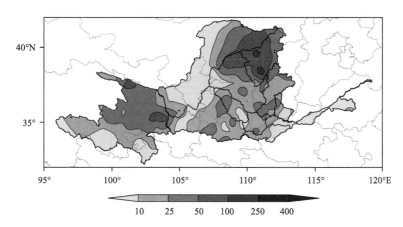

图 3.2 1989 年 7 月 20—22 日黄河流域累计降水量(单位:mm)

(2)1989 年 7 月 20—22 日大气环流演变特征

1989 年 7 月 20—21 日,巴尔喀什湖至贝加尔湖之间为宽广的低压槽区,西太副高异常偏强偏西,西伸脊点位于 95°E 以西,山陕北部位于副高北部。22 日,受热带气旋北上影响,西太副高断裂为二,且略有南压,其中大陆主体控制黄河流域南部至长江流域大部,山陕北部位于高压东北部(图 3.3)。受巴尔喀什湖低槽分裂东移冷空气与副高北侧偏南暖湿气流交绥影响,山陕北部出现强降水天气。

2)贝加尔湖低槽型

贝加尔湖低槽型的主要环流特征为:亚洲中高纬度为两脊一槽环流型,乌拉尔山和鄂霍次克海附近为高压脊区,贝加尔湖附近为宽广的低压槽区。西太副高异常偏北,脊线位置位于 35°N 附近。贝加尔湖低槽底部不断分裂冷空气且东移南下,与副高西北侧的暖湿气流于黄河中游发生交绥,继而引发强降水天气的发生。以 2012 年 7 月 20—21 日山陕区间暴雨过程为例进行详细分析。

(1)2012 年 7 月 20—21 日降水概况

2012 年 7 月 20—21 日,黄河流域自西向东出现一次较强降雨过程。从累计降水量图上看,兰托区间大部、泾渭洛河上游以及山陕北部降水量超过 25 mm,其中,山陕北部、北洛河局部地区降水量超过 50 mm,山陕北部个别站达到 100 mm 以上。最大累计降水量位于山陕区间的新庙站,总降水量为 176.2 mm,其中 20 日 08 时—21 日 08 时降水量达 167 mm(图 3.4)。

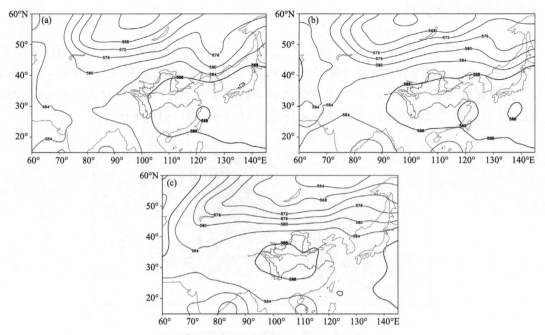

图 3.3　1989 年 7 月 20—22 日 500 hPa 高度场(单位:dagpm)

(a)7 月 20 日,(b)7 月 21 日,(c)7 月 22 日

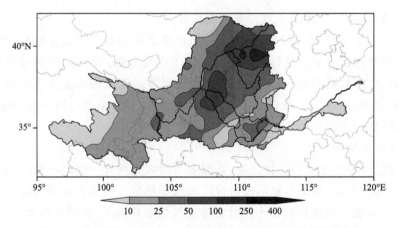

图 3.4　2012 年 7 月 20—21 日黄河流域累计降水量(单位:mm)

(2)2012 年 7 月 20—21 日大气环流演变特征

从 20 日 08 时 500 hPa 形势图上看,亚洲中高纬度为两脊一槽环流型,巴尔喀什湖和东北亚上空为高压脊,贝加尔湖附近为深厚的低压槽,新庙站位于低压槽前。在低纬度地区,印度半岛东部存在一个低压系统,西北太平洋副热带高压西伸脊点位于 120°E 附近,中心脊线在 28°N 附近。从 20—21 日 500 hPa 形势演变图上看,贝加尔湖槽区冷空气经新疆、内蒙古等地进入黄河流域,同时,在印度低压和副高的共同作用下,来自孟加拉湾和西太平洋的暖湿空气向北到达黄河中游,后与冷空气交绥,造成了此次强降水的发生(图 3.5)。

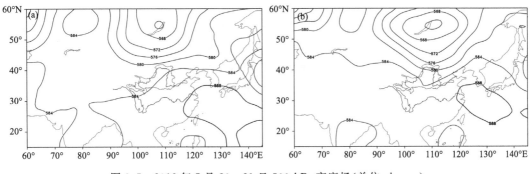

图 3.5　2012 年 7 月 20—21 日 500 hPa 高度场(单位:dagpm)

(a)7 月 20 日,(b)7 月 21 日

3)热带气旋—冷空气结合型

热带气旋—冷空气结合型的主要环流特征为:亚洲中高纬度形成稳定的经向环流,副高北跳后与中高纬高压合并,形成稳定的高压坝,构成明显的下游阻挡形势,西部高原有大陆高压与其对峙,两高之间 100°—110°E 为深槽停滞区。热带气旋自西北太平洋生成后向西北方向移动,之后在我国东南沿海地区登陆并深入内陆,热带气旋北上过程中与中纬度低槽结合,且受下游高压脊阻挡,移动缓慢或趋于停滞,引发黄河中游持续性暴雨天气。以 1982 年 7 月 29 日—8 月 2 日三花区间暴雨过程为例进行详细分析。

(1)1982 年 7 月 29 日—8 月 2 日降水概况

1982 年 7 月 29 日—8 月 2 日,黄河流域经历了一次为期 5 d 的持续性降水过程,此次过程由西向东移动,暴雨中心出现在三花区间,该区间 5 d 累计面平均降水量 268 mm,100 mm 以上笼罩面积 4.16 万 km²,基本笼罩三花区间全区。累计降水量最大点出现在洛阳陆浑站,达 766 mm(图 3.6)。受持续暴雨影响,黄河花园口出现了洪峰流量为 15300 m³/s 的大洪水,为新中国成立以来黄河下游第二大洪水。

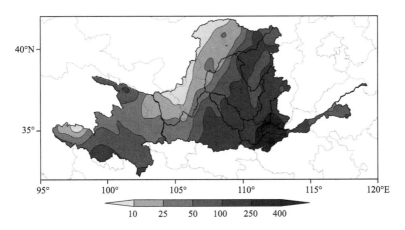

图 3.6　1982 年 7 月 29 日—8 月 2 日黄河流域累计降水量(单位:mm)

(2)1982年7月29日—8月2日大气环流演变特征

7月29日—8月2日,副高与其北部高压脊合并形成高压坝,同其西部大陆高压构成两高对峙形势,河套至川东一带维持一长波槽。热带气旋"Andy"于7月29日晚在福建登陆后,经江西、湖北深入黄淮,与副高之间维持了一股强盛的低空东南风急流,且热带气旋在北上过程中与中纬度低压槽合并,冷暖空气发生交绥,在700 hPa形成一条南北向的切变线,暖湿空气受低层冷空气的抬升和500 hPa槽前动力作用相结合,从而导致黄河中游持续性强降水(图3.7)。

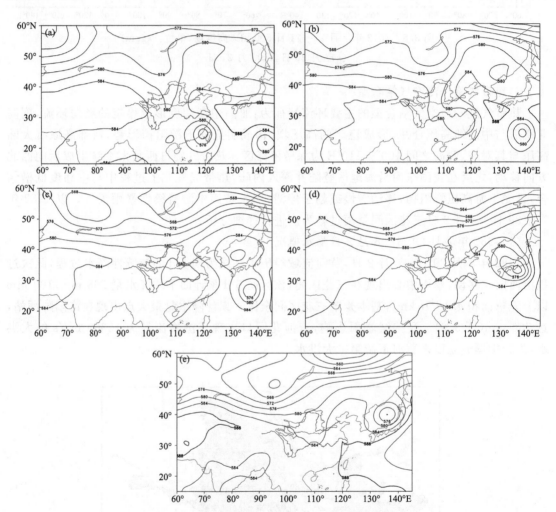

图3.7　1982年7月29日—8月2日500 hPa高度场(单位:dagpm)
(a)7月29日,(b)7月30日,(c)7月31日,(d)8月1日,(e)8月2日

3.3.2　秋汛期暴雨天气学概念模型

产生黄河中游秋汛期暴雨的大气环流型主要有经向型和纬向型两种,其中以经向型为主(表3.3)。分别对这两种环流型进行详细介绍。

表 3.3　黄河中游秋汛期暴雨环流分型

环流型	个例(年.月.日)
经向型	2011.9.10—2011.9.13、2011.9.16—2011.9.19、2014.9.13—2014.9.16、2019.9.9—2019.9.11
纬向型	2003.9.17—2003.9.19、2003.9.29—2003.10.1

1)经向型

经向型又可分为两槽一脊型和两脊一槽型两类,其中 2011 年 9 月 16—19 日过程属于两槽一脊型,2011 年 9 月 10—13 日、2014 年 9 月 13—16 日、2019 年 9 月 9—11 日 3 次过程属于两脊一槽型。两者的共同点是欧亚中高纬以经向型环流为主,西太平洋副热带高压明显偏强偏西,西伸脊点位于 100°E 附近,不同点是中高纬经向环流具有较大差异。两槽一脊型中高纬乌拉尔山及西西伯利亚平原一带为高压脊区,高压脊向北发展,形成阻塞形势,东欧平原和贝加尔湖以东为低压槽区,随着高压脊前横槽转竖,中高纬冷空气东移南下,与中纬度低槽合并加深后,同副高西北部及印缅槽槽前的偏南暖湿气流发生交汇,造成黄河中游出现强降水天气。两脊一槽型中高纬环流与两槽一脊型恰恰相反,乌拉尔山及西西伯利亚平原为低压槽区,东欧平原和贝加尔湖以东为高压脊区,低压槽槽底不断分裂冷空气东移南下,与副高西北侧偏南暖湿气流交汇于黄河中游,引发区域性暴雨。以 2011 年 9 月 10—13 日三花区间和泾渭洛河的暴雨过程为例进行详细分析。

(1)2011 年 9 月 10—13 日降水概况

2011 年 9 月 10—13 日,黄河流域经历了一场为期 4 d 的降水过程,累计降水量自西北向东南增大(图 3.8),其中三花干流和伊洛河累计面平均降水量较大,分别为 120 mm 和 113 mm。累计降水量最大点出现在河南宜阳的赵堡站,达 182 mm,10—13 日的逐日降水量分别为 7.6 mm、61.6 mm、8.6 mm、104.2 mm。

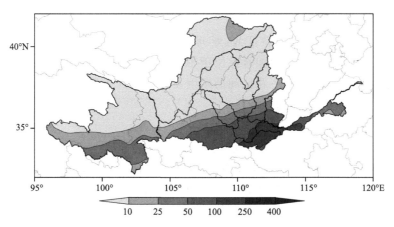

图 3.8　2011 年 9 月 10—13 日黄河流域累计降水量(单位:mm)

(2)2011 年 9 月 10—13 日大气环流演变特征

此次降水过程属于两脊一槽型,乌拉尔山一带形成一阻塞高压,贝加尔湖一带为宽广的低压槽区。9 月 10—12 日,西太平洋副热带高压明显偏强偏西,且位置稳定,西伸脊点位于

100°E左右,脊线位于25°N左右,13日受热带气旋影响,副高东退至115°E附近,整个过程三花区间均处于副高的西北边缘。中高纬处于巴尔喀什湖至贝加尔湖之间的横槽不断分裂冷空气且南下,并与中纬度东移的高原槽合并加强,三花区间位于低压槽槽前,受冷暖空气交汇影响,三花区间出现强降水(图3.9)。

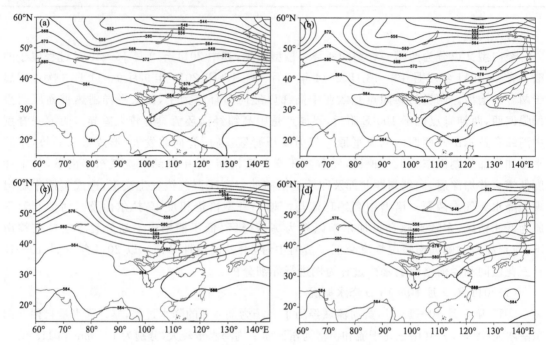

图3.9　2011年9月10—13日500 hPa高度场(单位:dagpm)

(a)9月10日,(b)9月11日,(c)9月12日,(d)9月13日

2)纬向型

秋季纬向型暴雨的主要环流特征为:亚洲中纬度地区环流平直,多短波槽波动,西太平洋副热带高压较常年偏西偏强,西伸脊点位于105°E以西,脊线位置位于25°N附近,受短波槽和副高共同影响,泾渭洛河和三花区间易发生强降水。以2003年9月17—19日渭河和三花区间的暴雨过程为例进行详细分析。

(1)2003年9月17—19日降水概况

2003年9月17—19日,渭河和三花区间出现了一次持续性强降水过程(图3.10),渭河下游3 d累计面平均降水量68.1 mm,伊洛河62.7 mm,三花干流56.1 mm,渭河上中游45.3 mm,沁河38.1 mm。累计降水量最大点出现在洛阳石井站,达151 mm。

(2)2003年9月17—19日大气环流演变特征

此次降水过程中,亚洲中纬度环流以纬向型为主,西太平洋副热带高压异常偏西偏强。17日副高西伸脊点位于95°E附近,脊线位于23°N附近,北界位于32°N附近,18—19日受热带气旋影响,副高断裂,陆上主体控制长江以南大部地区,渭河及三花区间仍处于副高北部边缘。17—19日,先后有两个短波槽自高原西部向东移动,携带冷空气与副高北侧暖湿气流交汇于黄河中游南部,造成此次强降水过程(图3.11)。

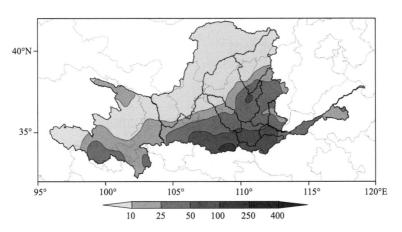

图 3.10　2003 年 9 月 17—19 日黄河流域累计降水量(单位:mm)

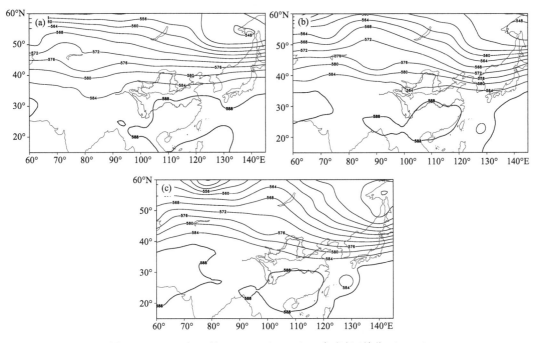

图 3.11　2003 年 9 月 17—19 日 500 hPa 高度场(单位:dagpm)

(a)9 月 17 日,(b)9 月 18 日,(c)9 月 19 日

3.4　中游暴雨物理量诊断分析

由于太阳辐射、下垫面等因素的影响,夏汛期和秋汛期暴雨物理量可能存在差异,分别对两个时期的暴雨物理量进行统计分析以得到其特征值。对两类暴雨过程中累计降水量最大点的逐日降水量(R_d)进行整合,并以 $R_d \geqslant 50$ mm 作为暴雨日,$0 < R_d < 50$ mm 作为非暴雨日,对比分析暴雨日和非暴雨日各物理量的分布特征,在此基础上得出暴雨物理量特征值,

其中采用的分析方法主要是箱线图法。

3.4.1　夏汛期暴雨物理量分布特征

1)水汽条件分析

(1)相对湿度

由图 3.12 可知,在中低层(850 hPa、700 hPa 和 500 hPa),暴雨日相对湿度稳定性强于非暴雨日,而在高层(200 hPa),暴雨日相对湿度几乎跨越 0～100%,稳定性较差。在 850 hPa 和 700 hPa 暴雨日相对湿度大部在 80% 以上,在 500 hPa 上暴雨日与非暴雨日相对湿度差别最大,暴雨日相对湿度大部在 70% 以上。

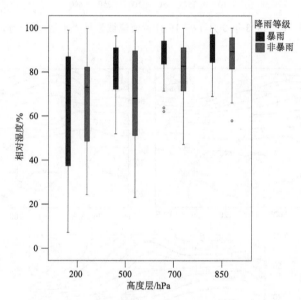

图 3.12　夏汛期暴雨日和非暴雨日 20 时各高度层相对湿度箱线图

(·代表异常值,下同)

(2)比湿

暴雨日和非暴雨日比湿均随高度升高而减小,且各层暴雨日比湿均大于非暴雨日,当有暴雨发生时,850 hPa、700 hPa 和 500 hPa 的比湿分别在 15 g/kg、10 g/kg 和 5 g/kg 左右(图 3.13)。

2)动力条件分析

暴雨日和非暴雨日各高度层的涡度和散度未呈现明显的规律性,这可能与涡度、散度垂直分布的复杂性有关,只能通过低层为正涡度、高层为负涡度以及低层为辐合、高层为辐散这样的高低层配置来定性判断是否有利于降水的产生,而无法进行具体的定量分析,因此在此仅对垂直速度进行分析。图 3.14 给出了暴雨日和非暴雨日 20 时各高度层垂直速度的箱线图,由图可知,当有暴雨或者暴雨以下级别的降水发生时,降水点上空各高度层以上升运动为主,且暴雨日各高度层的垂直速度均强于非暴雨日,在暴雨发生时 700 hPa 和 500 hPa

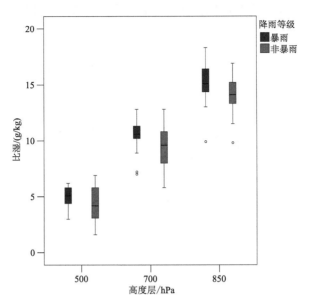

图 3.13　夏汛期暴雨日和非暴雨日 20 时各高度层比湿箱线图

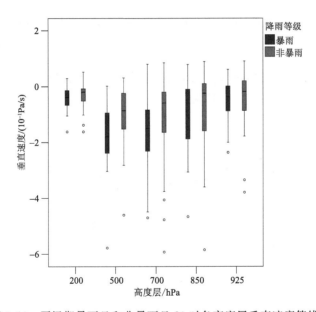

图 3.14　夏汛期暴雨日和非暴雨日 20 时各高度层垂直速度箱线图

的垂直速度较强。

3)不稳定能量分析

(1)假相当位温

图 3.15 显示无论暴雨日还是非暴雨日 700 hPa 和 500 hPa 的假相当位温均小于 200 hPa 和 850 hPa,当有暴雨发生时,中低层(850 hPa、700 hPa 和 500 hPa)上的假相当位温

高于当有暴雨以下级别降水发生时的假相当位温,而在高层(200 hPa)上两类降水的假相当位温相当。

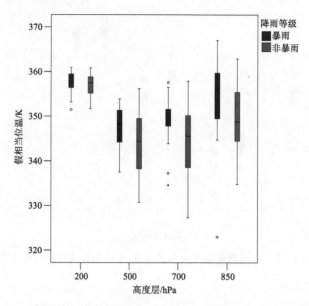

图 3.15　夏汛期暴雨日和非暴雨日 20 时各高度层假相当位温箱线图

(2)K 指数

图 3.16 显示当有暴雨发生时降水点 K 指数明显大于当有暴雨以下等级降水发生时,暴雨日 K 指数分布较稳定,集中在 40 ℃左右。

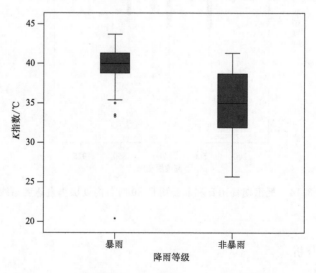

图 3.16　夏汛期暴雨日和非暴雨日 20 时 K 指数箱线图

4)夏汛期暴雨物理量特征值

在前面分析讨论的基础上给出当有暴雨发生时各物理量的特征值,选取原则为物理量在某一高度层的分布较为稳定,且与非暴雨日具有明显差异,进而通过中位数法给出该物理量在该高度层的特征值,下面对中位数法进行简要介绍。与平均数相比,中位数可避免极端值的影响,定义中位数 $P_{0.5N}$,具体算法为:将各物理量值按照降序排列(P_1-P_N),查找处于第 50% 位的物理量值 $P_{0.5N}$,若 $0.5N$ 不为整数,则取 $0.5N$ 前后两个整数位物理量的平均值进行代替。表 3.4 给出了当有暴雨发生时各物理量在各高度层的特征值。

表 3.4　夏汛期暴雨物理量特征值

物理量	高度层/hPa	暴雨日物理量特征值
相对湿度/%	500	83
	700	91
	850	93
比湿/(g/kg)	500	5
	700	11
	850	15
垂直速度/(10^{-1}Pa/s)	500	-1.8
	700	-1.5
	850	-0.6
假相当位温/K	500	348
	700	350
	850	354
K 指数/℃	—	40

注:K 指数不随高度层变化,其高度层用"—"表示。

3.4.2　秋汛期暴雨物理量分布特征

1)水汽条件分析

(1)相对湿度

由图 3.17 可知,当有暴雨发生时,中低层(850 hPa、700 hPa 和 500 hPa)的相对湿度集中在 80% 以上,高层(200 hPa)基本在 50% 以上,相对湿度的稳定性随着高度升高而降低。当有暴雨发生时各高度层上的相对湿度均高于当有暴雨以下级别降水发生时的相对湿度。

(2)比湿

在秋汛期暴雨日和非暴雨日的比湿均随高度升高而减小,且在低层(850 hPa 和 700 hPa)比湿的稳定性弱于高层(200 hPa),暴雨日各高度层比湿均高于非暴雨日的比湿(图 3.18)。

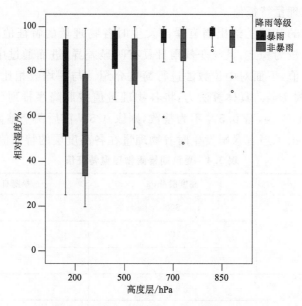

图 3.17　秋汛期暴雨日和非暴雨日 20 时各高度层相对湿度箱线图

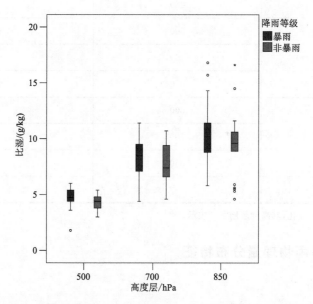

图 3.18　秋汛期暴雨日和非暴雨日 20 时各高度层比湿箱线图

2)动力条件分析

与夏汛期相似,在秋汛期暴雨日和非暴雨日各高度层的涡度和散度同样未呈现出明显的规律性,因此仅分析垂直速度。图 3.19 给出了秋汛期暴雨日和非暴雨日 20 时各高度层垂直速度的箱线图,由图可知,当有暴雨发生时,中低层基本为深厚的上升运动区,且在700 hPa和 500 hPa 上,上升运动较强,而当有暴雨以下级别降水发生时,中低层的上升运动明显弱于当有暴雨发生时的上升运动。

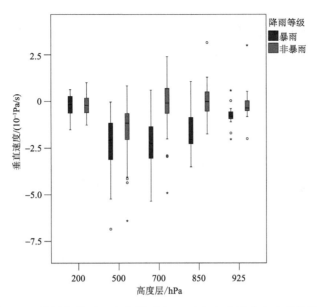

图 3.19　秋汛期暴雨日和非暴雨日 20 时各高度层垂直速度箱线图

3)不稳定能量分析

(1)假相当位温

图 3.20 显示在秋汛期无论暴雨日还是非暴雨日,降水点上空的假相当位温均随高度升高而减小,除了 700 hPa 以外,850 hPa、500 hPa、200 hPa 上暴雨日假相当位温的稳定性均低于非暴雨日,且仅在 700 hPa 和 500 hPa 上暴雨日假相当位温高于非暴雨日,而在 850 hPa和 200 hPa 上两类降水无明显差异。

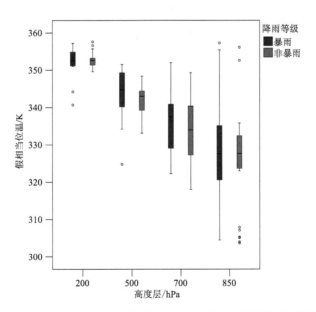

图 3.20　秋汛期暴雨日和非暴雨日 20 时各高度层假相当位温箱线图

（2）K 指数

图 3.21 给出了秋汛期当有暴雨和暴雨以下等级降水发生时 20 时 K 指数的箱线图，由图可知，暴雨日 K 指数大于非暴雨日 K 指数。

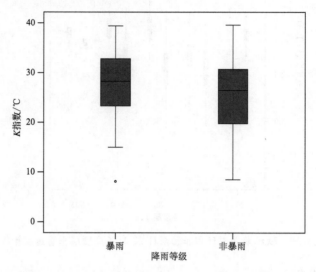

图 3.21　秋汛期暴雨日和非暴雨日 20 时 K 指数箱线图

4）秋汛期暴雨物理量特征值

同样利用中位数法给出秋汛期当有暴雨发生时各物理量在各高度层的特征值（表 3.5），对比表 3.4 和表 3.5 可知，与秋汛期相比，夏汛期暴雨发生时需达到更高的比湿、假相当位温和 K 指数，而在秋汛期暴雨发生时中低层需达到更强的垂直速度。

表 3.5　秋汛期暴雨物理量特征值

物理量	高度层/hPa	暴雨日物理量特征值
相对湿度/%	500	92
	700	95
	850	99
比湿/(g/kg)	500	5
	700	9
	850	10
垂直速度/(10^{-1}Pa/s)	500	-2.1
	700	-2.2
	850	-2.0
假相当位温/K	500	339
	700	338
	850	328
K 指数/℃	999	28

3.4.3　不同等级暴雨物理量对比分析

在气象上,通常根据 24 h 降水量将暴雨划分为特大暴雨、大暴雨和暴雨,在此,利用中位数法给出夏汛期和秋汛期内各等级暴雨物理量特征值(表 3.6)。

由表 3.6 可知,在夏汛期,特大暴雨、大暴雨和暴雨点上空中低层相对湿度基本均在80％以上。在各高度层特大暴雨、大暴雨和暴雨点上空的比湿无明显差异,850 hPa、700 hPa和 500 hPa 的比湿分别在 15 g/kg、10 g/kg 和 5 g/kg 左右。特大暴雨、大暴雨和暴雨点上空700 hPa 的垂直速度均在 -1.5×10^{-1} Pa/s 左右,但当有特大暴雨发生时,850 hPa 上的垂直速度达 -2.5×10^{-1} Pa/s 左右,明显强于当有大暴雨或者暴雨发生时。当有三类暴雨发生时,850 hPa、700 hPa 和 500 hPa 的假相当位温分别在 355 K、350 K、345 K 左右,K 指数均在 40 ℃左右。

表 3.6　夏汛期和秋汛期各等级暴雨物理量特征值

物理量	高度层/hPa	特大暴雨		大暴雨		暴雨	
		夏汛	秋汛	夏汛	秋汛	夏汛	秋汛
相对湿度/％	500	90	—	81	85	86	94
	700	85	—	87	94	93	98
	850	97	—	87	98	97	99
比湿/(g/kg)	500	5	—	5	4	5	5
	700	10	—	11	9	11	8
	850	16	—	15	10	15	10
垂直速度/(10⁻¹Pa/s)	700	−1.4	—	−1.5	−2.9	−1.5	−1.8
	850	−2.5	—	−0.5	−1.3	−0.4	−2.0
假相当位温/K	500	344	—	349	344	349	346
	700	348	—	350	341	348	336
	850	356	—	356	332	354	326
K 指数/℃	999	40	—	40	31	40	26

注:"—"代表秋汛期无特大暴雨发生。

在选取的 29 场暴雨过程中,秋汛期无特大暴雨发生,大暴雨和暴雨点上空中低层的相对湿度基本在 85％以上。大暴雨和暴雨点上空各层的比湿相差不大,850 hPa、700 hPa 和500 hPa 的比湿分别在 10 g/kg、8 g/kg 和 5 g/kg 左右。大暴雨点上空 700 hPa 的垂直速度在 -3.0×10^{-1} Pa/s 左右,明显强于暴雨点上空。大暴雨点和暴雨点上空的假相当位温均随高度升高而增大,且在低层(850 hPa 和 700 hPa),大暴雨点上空的假相当位温略大于暴雨点。大暴雨和暴雨发生时 K 指数分别在 31 ℃和 26 ℃左右。

综上分析可知,特大暴雨多发生于夏汛期,在夏汛期内除了特大暴雨点上空 850 hPa 的垂直速度明显强于大暴雨点和暴雨点上空以外,各等级暴雨的其他物理量特征值无明显差别,在秋汛期内各等级暴雨之间的垂直速度和不稳定能量均存在差异,尤以 700 hPa 的垂直速度差异明显。

第 4 章　热带气旋与三花区间暴雨

三花区间地处豫、晋、陕三省交界,地形起伏大,北西南三面为 1000~1500 m 高程山脉环绕,呈西南、西北高,中部低凹的喇叭口状。该区间降水集中,源短流急,洪峰高,传播快,产汇流形成的洪水对黄河下游威胁最大(吴学勤 等,1982)。

历史上,三花区间多个典型暴雨洪水均由热带气旋(以下简称 TC)导致。例如,1958 年 7 月 14—18 日,受 TC、西风槽和西北太平洋副热带高压共同影响,三花区间出现持续性暴雨天气,花园口站 18 日 00 时洪峰流量 22300 m³/s,为 1843 年(清道光二十三年)以来最大洪峰,也是该站有实测资料以来最大洪水,造成东坝头以下普遍漫滩倒堤,大部分堤段超过保证水位。黄河"82·8""96·8"特大暴雨洪涝灾害同样与 TC 关系密切,花园口站分别出现建站以来第二大洪水和历史最高水位。除了三花区间境内的 TC 暴雨以外,其邻近区域的 TC 暴雨也需要引起特别关注。例如,"63·8"海河大暴雨和"75·8"河南大暴雨,上述两场特大暴雨,不论是日雨量还是过程雨量,均超过了三花区间现有水文记录,而这两场暴雨发生原地与三花区间中心仅相距 200~300 km,若环流形势稍有调整,暴雨区就有可能落在三花区间。

本章应用 1957—2020 年三花区间 25 个气象站的逐日降水观测资料、欧洲中期天气预报中心(ECMWF)的第五代大气再分析数据集(ERA5)资料、TC 基础信息资料等,对三花区间影响 TC 及其产生暴雨的特征进行了分析,并建立了三花区间 TC 暴雨的天气学概念模型,为黄河水资源调度及水旱灾害防御提供了有力的技术支撑。

4.1　三花区间影响热带气旋及其产生暴雨的统计特征

4.1.1　影响 TC 和 TC 暴雨的筛查

三花区间 TC 暴雨主要包括 TC 倒槽暴雨和远距离暴雨两种,其中远距离暴雨参考陈联寿(2007)、丁治英等(2014)、闫军等(2020)给出的定义。综合考虑 TC 影响方式、中低纬度系统相互作用、水汽输送通道等因素,给出三花区间 TC 暴雨的选取标准:①区间内不少于 3 个气象站的日降水量≥50 mm(25 个气象站位置见图 4.1);②暴雨发生在 TC 环流以内(主要为 TC 倒槽)或者暴雨发生在 TC 环流之外,但须有产生降水的中纬度天气系统配合,且降水区与 TC 之间在对流层低层存在明显的水汽通道。根据第①条标准,普查得到 1957—2020年三花区间共出现 207 个区域暴雨日,在此基础上,再根据第②条标准,筛查出 54 个影响三花区间的 TC 及相应的 69 个暴雨日,TC 暴雨日及影响 TC 统计信息详见表 4.1。由表可知,

69 个 TC 暴雨日中有 11 个为倒槽直接影响型,约占 15.9%,58 个为远距离影响型,约占 84.1%。

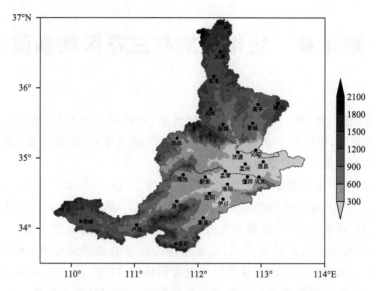

图 4.1　三花区间气象站点分布(阴影代表地形高度,单位:m)

表 4.1　TC 暴雨日及影响 TC 统计信息

TC 暴雨				影响 TC				
日期 (年.月.日)	面雨量/mm	雨量最大站	雨量最大值 /mm	序号	是否登陆	登陆地点	登陆强度	影响类型
1957.7.17	39.0	垣曲	89.0	195708	是	广东	STS	远距离
1958.5.31	32.9	栾川	65.3	195804	是	海南	TS	远距离
1958.7.15	32.5	沁水	98.2	195810	是	台湾	Super TY	远距离
1958.7.16	74.0	垣曲	371.0			福建	STS	远距离
1958.8.11	29.2	安泽	124.0	195815	是	广东	STS	远距离
1959.8.4	15.9	晋城	102.0	195908	否	—	—	远距离
1960.8.8	32.4	高平	123.9	196013	是	台湾 福建	STY STS	远距离
1962.8.4	27.6	栾川	87.0	196213	是	台湾 福建 山东	Super TY TY TS	远距离
1963.7.1	30.5	阳城	121.1	196306	是	广东	TY	远距离
1963.8.7	15.4	陵川	65.1	196311	否	—	—	远距离
1963.8.29	30.2	宜阳	101.6	196317	是	海南	<TD	远距离
1963.9.10	25.0	沁水	82.7	196320	是	福建	STS	远距离

TC 暴雨				影响 TC				
日期 （年.月.日）	面雨量/mm	雨量最大站	雨量最大值 /mm	序号	是否登陆	登陆地点	登陆强度	影响类型
1964.7.26	44.6	垣曲	74.4	196409	否	—	—	远距离
1964.7.27	35.8	温县	78.6					远距离
1966.7.30	31.1	阳城	83.8	196612	是	海南	TD	远距离
1967.6.29	46.7	宜阳	94.5	196708	是	广东	TY	远距离
1967.6.30	33.4	栾川	81.5					远距离
1967.8.10	12.5	安泽	75.9	196722	是	广东	＜TD	远距离
1970.7.15	20.3	沁源	92.7	197008	是	广东	TS	远距离
1971.6.28	35.0	温县	88.7	197114	是	海南 广东 广西	TY TY TY	远距离
1972.9.1	62.0	温县	95.7	197221	否	—	—	远距离
1973.7.1	66.1	栾川	134.2	197301	是	福建	TY	远距离
1973.7.6	47.2	巩义	162.7	197302	否	—		远距离
1975.8.6	32.7	嵩县	69.6	197506	是	台湾 福建	Super TY TY	倒槽 倒槽
1975.8.7	30.8	栾川	105.3					
1975.9.19	35.3	阳城	55.8	197520	是	海南	STS	远距离
1977.8.21	28.5	沁阳	66.1	197712	是	台湾	TD	远距离
1978.7.1	34.3	济源	60.3	197806	否	—	—	远距离
1980.7.27	32.6	高平	124.6	198012	是	广东	STS	远距离
1980.7.28	17.3	沁水	88.8					倒槽
1982.7.29	52.4	嵩县	233.2	198210	是	台湾 福建	STY TS	远距离
1982.7.30	80.3	垣曲	187.3					倒槽
1982.7.31	77.4	伊川	139.8					倒槽
1982.8.1	39.5	沁水	197.1					倒槽
1982.8.13	30.1	巩义	283.5	198212	否	—	—	远距离
1983.9.7	51.9	晋城	92.2	198309	是	广东	TY	远距离
1987.8.13	34.3	济源	81.6	198710	否	—	—	远距离
1988.7.19	19.9	沁阳	77.2	198807	是	广东	TY	远距离
1988.8.9	43.0	孟州	125.3	198811	是	浙江	TY	倒槽
1989.7.10	23.3	卢氏	88.9	198909	是	海南	TS	远距离

TC暴雨			影响TC				
日期 （年.月.日）	面雨量/mm	雨量最大站	雨量最大值 /mm	序号	是否登陆	登陆地点	登陆强度	影响类型
1992.9.19	41.8	新安	64.3	199220	是	台湾、 福建	TY STS	远距离
1993.6.27	41.4	沁阳	108.3	199303	是	广东	TY	远距离
1994.6.24	49.2	巩义	86.2	199404	是	广东	TD	远距离
1994.7.2	30.1	栾川	117.9	199405	是	广东	TS	远距离
1994.7.11	32.1	阳城	90.0	199406	是	台湾 福建	STY STS	倒槽
1995.8.12	31.5	卢氏	85.9	199505	是	广东	STS	远距离
1996.7.30	21.2	安泽	70.8	199609	是	台湾 福建	STY TY	远距离
1996.7.31	22.3	安泽	108.9					远距离
1996.8.2	36.7	宜阳	170.1					倒槽
1996.8.3	53.4	温县	197.2					倒槽
1998.8.21	28.1	陵川	131.3	199805	是	广东	TD	远距离
2001.7.26	28.6	沁源	80.7	200107	是	广东	TY	远距离
2003.8.25	17.9	安泽	77.5	200312	是	海南 广东	TY	远距离
2004.6.29	27.3	垣曲	94.7	200410	是	台湾 浙江	STS STS	远距离
2005.7.17	22.5	济源	114.9	200505	是	台湾 福建	STY TY	远距离
2005.7.22	32.1	沁阳	154.5					倒槽
2006.7.2	64.3	温县	180.4	200605	是	海南	TD	远距离
2007.7.4	25.5	栾川	109.3	200703	是	海南 广西	TD TS	远距离
2009.7.12	19.7	巩义	76.6	200905	是	海南 广东	TS	远距离
2010.7.18	26.8	巩义	71.1	201002	是	海南	TY	远距离
2010.7.23	35.0	济源	112.3	201003	是	广东	TY	远距离
2013.7.18	32.4	巩义	66.9	201308	是	福建	TS	远距离
2014.9.14	42.4	宜阳	74.6	201418	是	海南 广东	STY STY	远距离
2014.9.15	37.0	孟津	58.8					远距离
2014.9.16	25.1	高平	66.7					远距离

续表

| 日期 （年.月.日） | TC 暴雨 | | | 影响 TC | | | | |
	面雨量/mm	雨量最大站	雨量最大值 /mm	序号	是否登陆	登陆地点	登陆强度	影响类型
2015.6.23	38.1	宜阳	86.2	201508	是	海南	STS	远距离
2015.6.24	34.3	宜阳	61.8					远距离
2016.7.9	18.6	孟津	63.0	201602	是	台湾 福建	Super TY TS	远距离
2019.8.1	17.3	孟州	71.1	201910	是	海南 广东 广西	TS TS TS	远距离

注：TD、TS、STS、TY、STY 和 Super TY 分别表示热带低压、热带风暴、强热带风暴、热带气旋、强热带气旋和超强热带气旋；序号表示包括热带低压在内的 TC 序号，为与 TC 编码区分，用六位数字表示，其中前四位为年份。当 TC 未登陆时，登陆地点和登陆强度表示为"—"。

4.1.2　影响 TC 统计特征

（1）源地、强度

绝大多数引发三花区间暴雨的 TC 发源于西北太平洋 5°—20°N 海区，其中有 13 个发源于南海，16 个发源于菲律宾以东，其余 25 个均发源于 135°E 以东洋面（图 4.2）。产生区域暴雨的 TC 生命史最大强度跨越 TC 6 个等级，其中超强热带气旋最多，达 17 个，其次为热带气旋，为 12 个，热带气旋以上级别的约占 66.7%（图 4.3a）。产生区域暴雨时 TC 的强度从弱于热带低压到超强热带气旋均有出现，其中热带低压最多，达 19 个，超强热带气旋最少，仅 4 个，热带气旋以上级别的仅占 24.6% 左右（图 4.3b）。

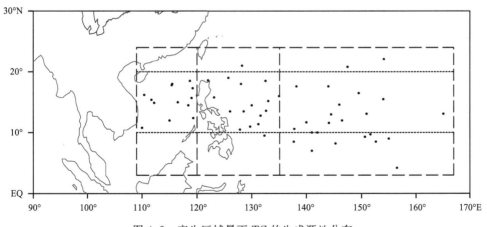

图 4.2　产生区域暴雨 TC 的生成源地分布

（长虚线框表示 TC 起源海区，短虚线表示 10°N 和 20°N 标识线）

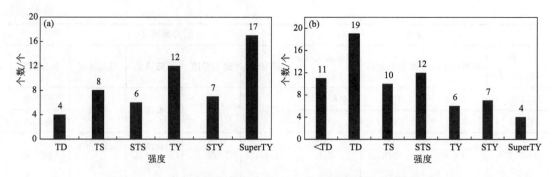

图 4.3　TC 生命史最大强度分布(a)和产生区域暴雨时强度分布(b)

（2）登陆情况

产生区域暴雨的 TC 中有 46 个登陆我国，占比高达 85.2%。登陆次数为 1～3 次，其中以一次居多，约占 53.7%，两次次之，约占 25.9%，而登陆三次的仅占 5.6% 左右。登陆一次的 TC 地点主要集中在华东、华南沿海省份，其中有 16 个登陆广东，约占 55.2%，海南次之（8个），约占 27.6%。登陆两次的 TC 中，有 9 个先后登陆台湾、福建，约占 64.3%，3 个先后登陆海南、广东，约占 21.4%。登陆 3 次的 TC 中，有 2 个先后登陆海南、广东和广西，1 个先后登陆台湾、福建和山东（表 4.2）。

表 4.2　TC 登陆次数及登陆地点分布

登陆次数	登陆地点	TC 个数
未登陆	—	8
1	广东	16
	海南	8
	福建	3
	浙江	1
	台湾	1
	合计	29
2	台湾、福建	9
	海南、广东	3
	台湾、浙江	1
	海南、广西	1
	合计	14
3	海南、广东、广西	2
	台湾、福建、山东	1
	合计	3

（3）产生区域暴雨时 TC 中心位置分布

三花区间发生区域暴雨时，TC 中心主要分布在海南岛周边洋面、台湾岛周边洋面以及我国华南地区，其中以海南岛周边分布最为密集（图 4.4）。有 14 个暴雨日发生在 TC 深入内陆之后,约占总数的 20.3%,其中进入江西时引发的暴雨次数最多,达 7 次,其次为湖北,达 5 次,引发区域暴雨时 TC 深入内陆的最北端可达河南南部。此外,当 TC 倒槽暴雨发生时,TC 均已深入内陆,且均北上至 28°N 以北,距离三花区间 1000 km 以内。由此可见,当 TC 未登陆或登陆后仅北上至较低纬度地区时,其环流将不会对三花区间造成直接影响,而仅可能造成远距离暴雨。

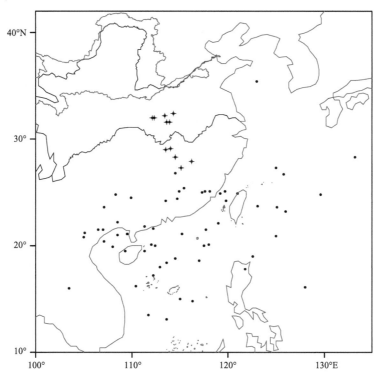

图 4.4　三花区间发生区域暴雨时 TC 中心的位置分布

(圆点为远距离影响,圆点加 + 字线为 TC 倒槽直接影响)

(4)产生暴雨日数

经统计,造成三花区间出现 2 天区域暴雨的 TC 有 7 个(195810 号、196409 号、196708 号、197506 号、198012 号、200505 号、201508 号),其中除了 200505 号 TC 分别于 2005 年 7 月 17 日、22 日先后造成三花区间出现暴雨以外,其余 6 个 TC 均造成三花区间出现连续暴雨。有 1 个 TC 造成三花区间出现持续 3 d 的区域暴雨(201418 号),有 2 个 TC 造成 4 d 的区域暴雨(198210 号、199609 号),其中 198210 号 TC 造成持续性暴雨。

(5)移动路径

由 1957—2020 年影响三花区间 TC 的移动路径(图 4.5)可知,TC 移动轨迹与影响我国的 TC 移动轨迹基本一致,主要有西移、西北移和转向三种路径。进一步根据 TC 是否登陆以及登陆后的移动轨迹将 TC 路径细分为登陆填塞型、登陆西行型、登陆转向型、近海转向型和南海西行型五类。其中,登陆填塞型最多,有 23 个,约占总数的 42.6%,其次为登陆西行型,有 18 个,约占总数的 33.3%,而其他三种类型均仅有 4~5 个,每类占总数百分比不到

10%（图 4.6）。

登陆填塞型 TC 多发源于菲律宾以东洋面，且多集中于 135°E 以东，TC 自源地向西北方向移动，在我国华南或东南沿海地区登陆后继续向西北方向移动，至广西、贵州、湖南、江西、湖北、河南等地填塞消失（图 4.7a）。此类 TC 中有 12 个在广东登陆，有 9 个在福建登陆或先后登陆台湾和福建，有 8 个在华南、华东沿海地区（广东、广西、福建）填塞消失，其余 15 个自沿海地区登陆深入内陆后填塞消失，其中在江西消失的最多，达 5 个，其次为湖南，达 4 个。

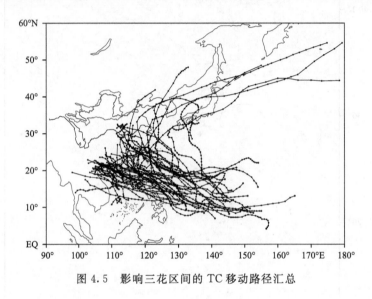

图 4.5　影响三花区间的 TC 移动路径汇总

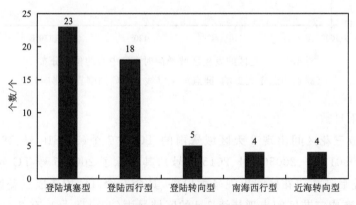

图 4.6　影响三花区间各类型 TC 个数

登陆西行型 TC 的源地多集中在南海及菲律宾以东至 135°E 之间的海域，自源地向偏西方向移动，经南海在我国华南沿海一带登陆后继续西行，而后重新入海进北部湾，最终在越南、老挝填塞消亡（图 4.7b）。此类 TC 的登陆地点较登陆填塞型明显偏南，多位于海南和广东。

登陆转向型 TC 的源地明显偏东，均位于 130°E 以东，TC 自源地向西北方向移动，在我国东南部沿海一带登陆后转向东北方向移动，之后经华东沿海地区进入黄海或在我国东北一带填塞消亡,路线呈抛物线状(图 4.7c)。此类 TC 大多为多次登陆,且均首次在台湾登陆,登陆地点属三类登陆型 TC 中最偏北。

近海转向型 TC 源地多集中于 140°E 以东,自源地向西北方向移动,到达我国东部海面后转向东北方向移去,登陆朝鲜半岛或者日本(图 4.7d)。

南海西行型 TC 的移动路径以偏西为主,但比登陆西行型 TC 移动轨迹偏南,未在我国登陆,自源地向西经南海后在越南登陆,之后继续西行填塞消亡(图 4.7e)。

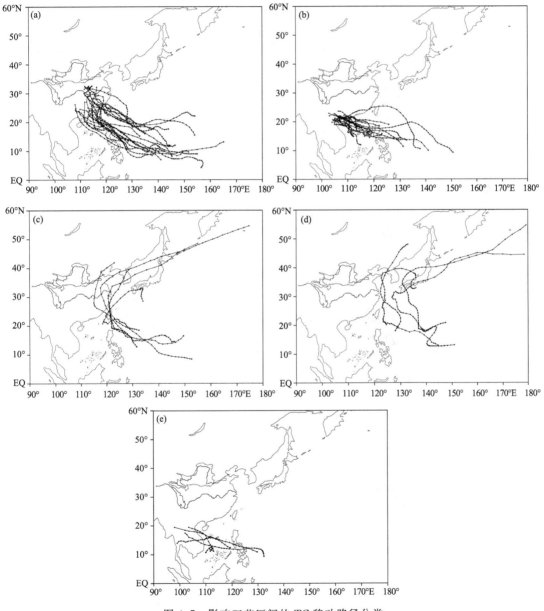

图 4.7　影响三花区间的 TC 移动路径分类

(a)登陆填塞类,(b)登陆西行类,(c)登陆转向类,(d)近海转向类,(e)南海西行类

4.2　三花区间热带气旋暴雨特征及其分类

4.2.1　暴雨特征

（1）空间分布特征

1957—2020 年三花区间共发生区域性暴雨 207 d,其中由 TC 引发的有 69 d,约占
33.3%。TC 暴雨累计日数全区平均为 17 d,其中大值中心位于中条山南麓,累计日数有 23～
25 d,此外,崤山、熊耳山北麓为另一个相对大值区,累计日数有 20～24 d,洛河源头累计日数
最少,洛南站仅出现 5 d(图 4.8a)。TC 暴雨日数在暴雨总日数中的百分率占比(图 4.8c)与
TC 暴雨累计日数具有相似的空间分布特征,占比最大的区域位于中条山南麓,沁水和阳城
达 38%,占比最小的区域位于洛河源头,洛南站仅 8%,其他区域占比均在 15%～30%。TC
暴雨累计雨量及其占暴雨总雨量比例的空间分布(图 4.8b、图 4.8d)与图 4.7a、图 4.7c 相似,
地处中条山南麓的孟州站 TC 暴雨量最大,达 2064 mm,而洛河源头的洛南站 TC 暴雨量仅
为 377 mm,同样地处中条山南麓的沁水站 TC 暴雨量占比最大,达 42%,而洛南站占比
仅 9%。

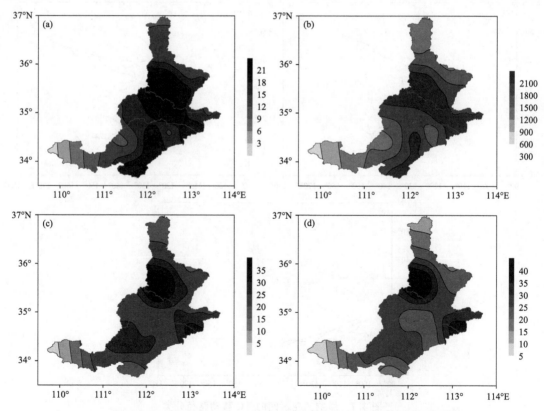

图 4.8　三花区间 TC 暴雨空间分布(a 累计暴雨日数,单位:d;b 累计暴雨量,单位:mm)
及其在暴雨中的占比分布(c 累计暴雨日数,单位:%;d 累计暴雨量,单位:%)

为了进一步比较三花区间由 TC 引发的暴雨的强度与由其他影响系统引发的暴雨的强度之间的差别,定义各站 TC/非 TC 暴雨强度为 TC/非 TC 暴雨累计雨量与 TC/非 TC 暴雨累计日数的比值,并绘制 TC/非 TC 暴雨强度的空间分布图(图 4.9)。由图可知,三花区间绝大部分地区 TC 暴雨强度明显强于非 TC 暴雨强度,且两者的空间分布具有明显差异,非 TC 暴雨呈现为北部强、南部弱,其中晋城站强度最强,达 75.5 mm/d,卢氏最弱,为 60.9 mm/d。而 TC 暴雨强度分布与 TC 暴雨累计日数、TC 暴雨累计雨量(图 4.8a、b)相似,呈现为中间强、两边弱,其中温县最强,达 100.7 mm/d,垣曲次之,达 95.6 mm/d,沁源最弱,为 63.1 mm/d。

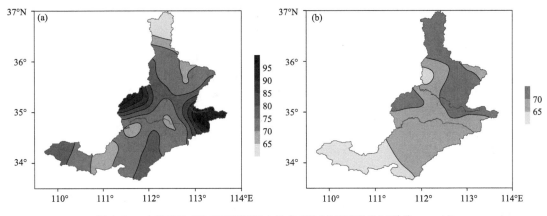

图 4.9　三花区间 TC 暴雨强度(a)及非 TC 暴雨强度(b)(单位:mm/d)

(2)时间变化特征

三花区间 TC 暴雨最早出现在 5 月下旬(1958 年 5 月 31 日),最晚出现在 9 月中旬(1975 年 9 月 19 日、1992 年 9 月 19 日),其中 6 月下旬至 8 月上旬发生最集中,这 5 个旬 TC 暴雨日数占总暴雨日数的 75.4%,8 月中旬开始 TC 暴雨日数迅速减少(图 4.10),三花区间 TC 暴雨与区域暴雨发生的集中时段相一致(图 4.11)。统计各旬 TC 暴雨日数占总暴雨日数的比例(图 4.10)可以发现,TC 暴雨日数占比与 TC 暴雨日数的逐旬分布特征具有明显差别,6

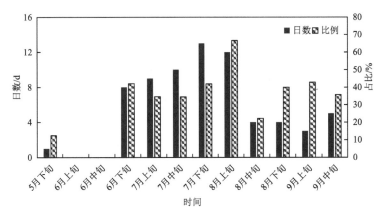

图 4.10　三花区间 TC 暴雨日数及其占总暴雨日数比例的逐旬分布

月下旬至 9 月中旬,TC 暴雨日数占比基本均在 30％以上(8 月中旬除外),说明 TC 是引起三花区间区域暴雨的重要影响系统,其中 8 月上旬 TC 暴雨日数占比最大,达 66.7％,即该旬有三分之二的区域暴雨是由 TC 造成的,因此,这个阶段的 TC 发展演变特征及其与中高纬度天气系统的相互作用需引起重点关注。

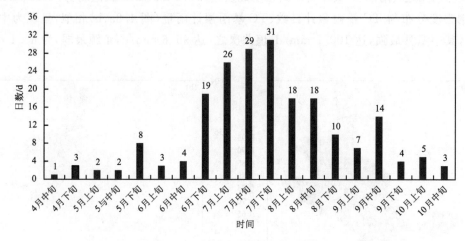

图 4.11　三花区间暴雨日数逐旬分布

统计三花区间 TC 暴雨逐年发生日数可知,每年发生 TC 暴雨 0～5 d 不等,其中绝大多数年份未发生或仅发生 1 d,7 年(1964 年、1973 年、1980 年、1988 年、2005 年、2010 年、2015 年)发生 2 d,4 年(1967 年、1975 年、1994 年、2014 年)发生 3 d,3 年(1958 年、1963 年、1996 年)发生 4 d,仅 1 年(1982)发生 5 d(图 4.12)。进一步统计 TC 暴雨日数的年代际变化特征,由表 4.3 可知,各年代际的 TC 暴雨日数没有明显差别,其中 20 世纪 60 年代 TC 暴雨日数最多,达 12 d,近 10 年 TC 暴雨日数最少,为 8 d。

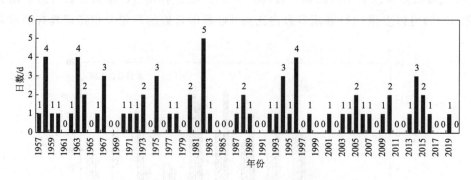

图 4.12　三花区间 TC 暴雨日数年际变化

表 4.3　三花区间 TC 暴雨日数年代际变化　　　　　　　　　　　单位:d

	1961—1970 年	1971—1980 年	1981—1990 年	1991—2000 年	2001—2010 年	2011—2020 年
TC 暴雨日数	12	11	10	11	10	8

4.2.2　三花区间 TC 暴雨分类及各类时空分布

1)分类

根据 TC 的 5 种移动路径,并综合考虑 TC 影响三花区间降水的形式,将三花区间 TC 暴雨划分为 6 类,分别为登陆填塞 TC 倒槽直接影响(Ⅰ-1 类)、登陆填塞 TC 远距离影响(Ⅰ-2 类)、登陆西行 TC 影响(Ⅱ类)、登陆转向 TC 影响(Ⅲ类)、近海转向 TC 影响(Ⅳ类)和南海西行 TC 影响(Ⅴ类)。

Ⅰ-1 类暴雨日数共有 10 d,分别为 1975 年 8 月 6 日(32.73 mm)和 7 日(30.8 mm),1980 年 7 月 28 日(17.31 mm),1982 年 7 月 30 日(80.32 mm)、7 月 31 日(77.39 mm)和 8 月 1 日(39.52 mm),1988 年 8 月 9 日(43.04 mm),1996 年 8 月 2 日(36.72 mm)和 3 日(53.4 mm)及 2005 年 7 月 22 日(32.09 mm)。可见,10 个暴雨日中仅 1 d 面雨量未达 30 mm,1982 年 7 月 30 日和 31 日面雨量分别位列三花区间所有暴雨日面雨量的第 1 位和第 2 位。

Ⅰ-2 类暴雨日数共有 24 d,其中有 4 d 面平均雨量达 50 mm 以上,分别为 1958 年 7 月 16 日(73.97 mm)、1973 年 7 月 1 日(66.05 mm)、1982 年 7 月 29 日(52.41 mm)和 1983 年 9 月 7 日(51.86 mm),占该类暴雨的 16.7%,1958 年 7 月 16 日和 1973 年 7 月 1 日三花区间暴雨强度分别位列该区间所有暴雨日面雨量的第 3 位和第 5 位。该类暴雨中有 12 d 面雨量在 30~50 mm,占 50%,有 8 d 面雨量在 30 mm 以下,占 33.3%。

Ⅱ类暴雨日数共有 21 d,其中仅 1 d 面雨量达 50 mm 以上,为 2006 年 7 月 2 日的 64.29 mm,位列三花区间所有暴雨日面雨量的第 6 位、TC 暴雨日面雨量的第 5 位。面雨量达 30~50 mm 和 30 mm 以下的暴雨日数均为 10 d,各占该类暴雨的 47.6%。

Ⅲ类暴雨日数有 5 d,其中 1992 年 9 月 19 日面雨量最大,达 41.81 mm,其余 4 d 面雨量均在 30 mm 左右。

Ⅳ类暴雨日数共有 5 d,其中 1964 年 7 月 26 日面雨量最大,达 44.64 mm,1963 年 8 月 7 日面雨量最小,达 15.35 mm。

Ⅴ类暴雨日数共有 4 d,面雨量均在 30 mm 以上,其中 1972 年 9 月 1 日面雨量最大,达 61.96 mm,1973 年 7 月 6 日次之,达 47.23 mm,1978 年 7 月 1 日和 1987 年 8 月 13 日均为 34 mm。

2)各类 TC 暴雨空间分布

(1)暴雨日平均降水量

6 类 TC 暴雨日平均降水量基本呈现出中间多、南北少的空间分布特征,但大值区所处的地理位置及对应的量值具有差异(图 4.13)。

Ⅰ-1 类大值区主要集中在沁河南部、三花干流东部以及伊洛河中部,平均雨量在 50~80 mm,其中温县雨量最大,达 70.0 mm,位于洛河源头的洛南雨量最小,仅为 12.9 mm 左右。Ⅰ-2 类大值区集中在沁河西南部以及三花干流西北部,平均雨量为 40~50 mm,其中垣曲雨量最大,达 49.7 mm,位于伊洛河西部的洛宁雨量最小,仅为 22.4 mm。Ⅱ类大值区位于沁河中南部、三花干流北部和东部以及伊洛河东部部分地区,平均雨量为 30~40 mm,其

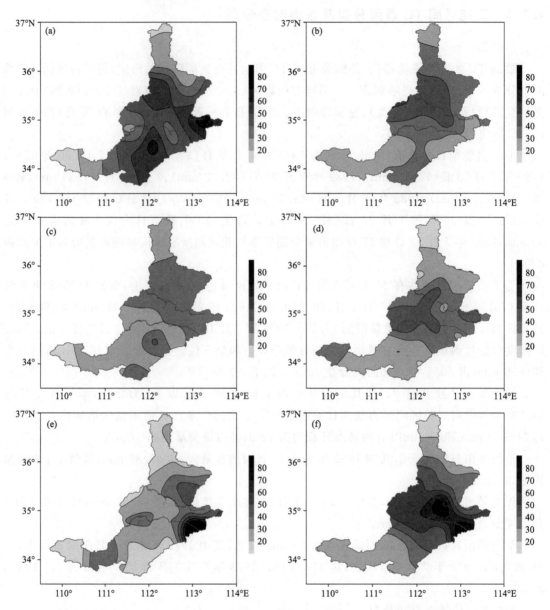

图 4.13　Ⅰ-1 类(a)、Ⅰ-2 类(b)、Ⅱ类(c)、Ⅲ类(d)、Ⅳ类(e)和Ⅴ类(f)TC 暴雨日平均
降水量的空间分布(单位:mm)

中宜阳雨量最大,达 45.7 mm,洛南雨量最小,为 18.5 mm。Ⅲ类大值区位于沁河南部、三花
干流西部和东北部以及伊洛河北部,平均雨量为 40~50 mm,其中渑池雨量最大,达
47.8 mm,位于沁河北部的沁源雨量最小,仅为 16.6 mm。Ⅳ类大值区最偏东,集中于三花干
流东部和伊洛河东北部,平均雨量在 40 mm 以上,其中巩义最大,高达 93.4 mm,偃师次之,
为 50.0 mm,洛南最小,仅为 9.2 mm。Ⅴ类大值区集中在沁河南部、三花干流以及伊洛河北
部,平均雨量为 50~80 mm,其中济源雨量最大,达 81.5 mm,巩义次之,达 77.8 mm,位于沁

河北部的沁源雨量最小,仅为 19.7 mm。区域面平均雨量以第Ⅴ类为最大,达 44.46 mm,Ⅰ-1 类次之,为 44.35 mm,Ⅰ-2 类为 34.34 mm,Ⅱ类、Ⅲ类和Ⅳ类均为 30 mm 左右。

（2）暴雨概率

统计 6 类 TC 暴雨各站点出现暴雨的概率（图 4.14）,由图可以看出,Ⅰ-1 类暴雨主要发生在小花干流东部以及伊洛河东南部,暴雨发生概率在 50% 以上,其中巩义发生概率最高,达 70%,嵩县次之,达 60%。Ⅰ-2 类暴雨主要发生在沁河西南部,发生概率在 40%～50%,其中济源发生概率最高,达 42.9%。Ⅱ类暴雨主要发生在沁河的高平以及伊洛河的宜阳和嵩县,其中宜阳发生概率最高,达 52.6%,而洛河源头洛南未发生暴雨。Ⅲ类暴雨主要发生在三花干流西南部以及伊洛河北部,发生概率在 40% 以上,其中孟津达 60%,而沁河西部以及伊洛河中部未发生暴雨。Ⅳ类暴雨主要发生在沁河东南部、小花干流以及伊洛河东北部,发生概率在 40% 以上,其中沁阳发生概率最高,达 75%,而沁河中部、伊洛河源头及北部的新安、伊川均未发生暴雨。Ⅴ类暴雨主要发生在沁河南部、三花干流中西部以及伊洛河北部,发生概率在 50% 以上,其中济源发生概率高达 100%,而沁河北部以及伊洛河西南部各站点均未发生暴雨。由此可见,TC 各类路径下易发生暴雨的区域均集中于三花区间中部,且除Ⅲ类以外,其余各类洛河源头发生暴雨的概率均为最小。此外,还可以看出,Ⅴ类 TC 暴雨发生的区域最集中,其余各类出现暴雨的区域相对分散。

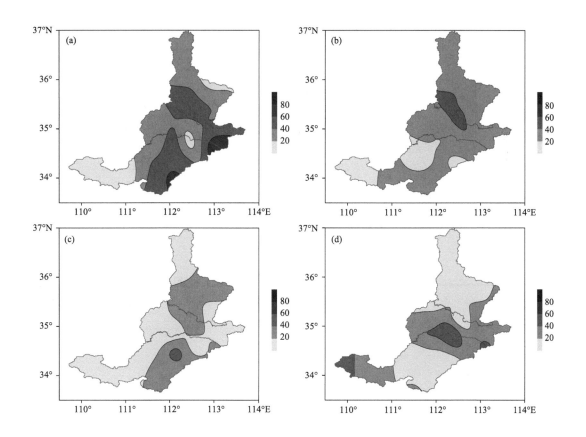

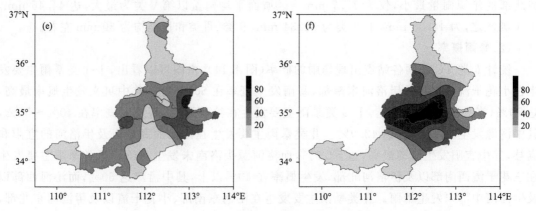

图 4.14　Ⅰ-1 类(a)、Ⅰ-2 类(b)、Ⅱ类(c)、Ⅲ类(d)、Ⅳ类(e)和Ⅴ类(f)TC暴雨概率
空间分布(%)

（3）TC 日最大降水量

图 4.15 给出了不同类型 TC 暴雨日最大降水量的空间分布，由图可知，Ⅰ-1 类各站日最大降水量均在暴雨以上量级，且大部在 100 mm 以上，其中温县(197.2 mm)和沁水(197.1 mm)排名前两位，分别发生于 1996 年 8 月 3 日和 1982 年 8 月 1 日，沁源(52.0 mm)最小。此外，值

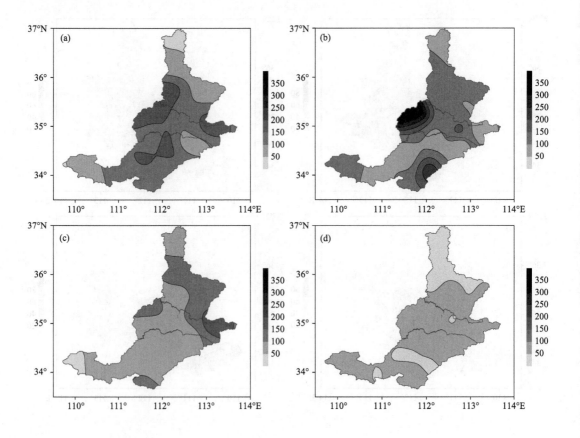

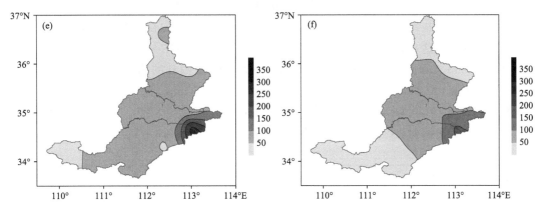

图 4.15　Ⅰ-1 类(a)、Ⅰ-2 类(b)、Ⅱ类(c)、Ⅲ类(d)、Ⅳ类(e)和Ⅴ类(f)TC 暴雨日最大降水量
空间分布(单位:mm)

得关注的是,除孟州(125.3 mm,1988 年 8 月 9 日)、栾川(105.3 mm,1975 年 8 月 7 日)、巩义(96.3 mm,1988 年 8 月 9 日)三站之外,其余各站 TC 暴雨日最大降水量均发生于 1982 年 7 月 30 日—8 月 1 日或 1996 年 8 月 2—3 日,即均由 198210 号和 199609 号 TC 影响所致。

Ⅰ-2 类各站 TC 暴雨日最大降水量同样均在暴雨以上量级,且大部分在 100 mm 以上,其中垣曲、嵩县和孟州达 200 mm 以上,分别为 371.0 mm、233.2 mm 和 214.4 mm,垣曲和孟州发生于 1958 年 7 月 16 日,嵩县发生于 1982 年 7 月 29 日,即均由 5810 号和 8210 号 TC 影响所致。

Ⅱ类 TC 暴雨日最大降水量除洛南(47.0 mm)以外,其余各站均达暴雨以上量级,其中沁河、三花干流大部分达 100 mm 以上,温县(180.4 mm)、沁阳(151.7 mm)排名前两位,均发生于 2006 年 7 月 2 日。

Ⅲ类、Ⅳ类和Ⅴ类 TC 暴雨日最大降水量的空间分布较为相似,表现为南北两边小、中间大,且大部分在 50～100 mm,其中Ⅲ类中垣曲最大,达 94.7 mm,发生于 2004 年 6 月 29 日,Ⅳ类和Ⅴ类中均为巩义最大,分别达 283.5 mm 和 162.7 mm,分别发生于 1982 年 8 月 13 日和 1973 年 7 月 6 日。

经统计,TC 暴雨日最大降水量发生于登陆填塞型 TC 远距离影响时的站数最多,达 11 站(约占 44%),发生在登陆填塞型 TC 直接影响时的次之,达 9 站(约占 36%),发生在登陆西行型 TC 影响时和近海转向型 TC 影响时的站数分别为 3 站和 2 站,未有站点发生于登陆转向型和南海西行型 TC 影响时。可见,三花区间大部分地区 TC 暴雨日最大降水量发生于登陆填塞型 TC 影响时,占比高达 80%。此外,经过将各站 TC 暴雨日最大降水量与日最大降水量对比后发现,除了沁源、安泽、高平、阳城、晋城、陵川、渑池、孟津、洛阳和伊川 10 站以外,其余 15 站日最大降水量均发生于 TC 影响时。

图 4.16 进一步给出了三花区间 69 个 TC 暴雨日中的最大降水量,由图可知,Ⅰ-1 类个例中仅 1975 年 8 月 6 日和 1980 年 7 月 28 日最大降水量在 100 mm 以下,其余 8 d 均在 100～200 mm。Ⅰ-2 类个例中有 9 d 最大降水量在 100 mm 以上,占比达 37.5%,其中 1958 年 7 月 16 日和 1982 年 7 月 29 日分别达 371 mm 和 233.2 mm,两者分别位居三花区间 TC

暴雨日以及所有暴雨日的第一位和第三位。Ⅱ类个例中有 7 d 最大降水量达 100～200 mm，约占比 33.3%，其中 2006 年 7 月 2 日达 180.4 mm。Ⅲ类个例均在 100 mm 以下，其中 2004 年 6 月 29 日最大，达 94.7 mm。Ⅳ类个例中有 2 d 最大降水量在 100 mm 以上，其中 1982 年 8 月 13 日达 283.5 mm，位列三花区间 TC 暴雨日及所有暴雨日的第二位。Ⅴ类个例中仅 1 d 最大降水量在 100 mm 以上，即 1973 年 7 月 6 日达 162.7 mm。进一步统计各类个例日最大降水量的平均值，可知，Ⅰ-1 类最大（143.5 mm），Ⅳ类次之（120.7 mm），Ⅰ-2 类第三（111.6 mm），Ⅴ类第四（100.1 mm），Ⅱ类（90.6 mm）和Ⅲ类（80.4 mm）均未达 100 mm。

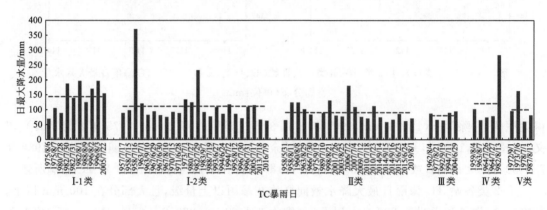

图 4.16　三花区间各类 TC 暴雨日最大降水量（虚线代表各类最大日降水量的平均值）

3）各类 TC 暴雨月际变化

图 4.17 给出了不同类别 TC 暴雨日数逐月分布，由图可见，仅第Ⅱ类暴雨在 5—9 月各月均有发生，Ⅰ-2 类、Ⅲ类暴雨发生在 6—9 月，Ⅴ类发生在 7—9 月，而Ⅰ-1 类和Ⅳ类仅发生在 7—8 月。其中Ⅰ-2 类、Ⅱ类和Ⅴ类暴雨日数均以 7 月为最多，尤以Ⅰ-2 类最为突出，7 月 TC 暴雨日数约占该类总日数的 62.5%，Ⅰ-1 类、Ⅲ类和Ⅳ类暴雨日数均以 8 月为最多。此外，经统计发现，各类个例的降水极值均发生于 7—8 月。

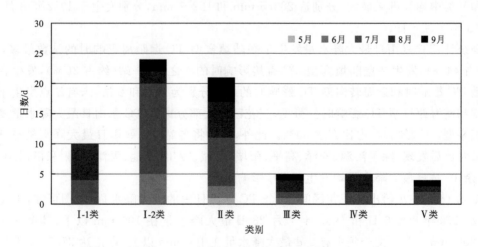

图 4.17　各类 TC 暴雨日数逐月分布

4.3　三花区间热带气旋暴雨的环流配置

4.3.1　Ⅰ-1 类

（1）平均场

Ⅰ-1 类 TC 暴雨发生时，在 200 hPa 上，亚洲中高纬环流呈"两槽一脊"型，南亚高压控制青藏高原至西太平洋一带，其脊线位于 28°N 左右，三花区间处于 1248 dagpm 特征线的东北部，此外，在长江中下游地区存在一反气旋环流。在 500 hPa 上，亚洲中高纬环流呈"两槽一脊"型，西西伯利亚平原及日本海一带为低压槽区，我国东北地区为高压脊区。西北太平洋上多热带气旋或低压扰动活动，受其影响，表征西太副高的 588 dagpm 特征线东退，但 584 dagpm 特征线位于华北平原。影响三花区间的热带气旋已登陆并深入内陆，减弱的低压中心处于湖北东部，其西侧和东侧分别存在一高压环流，在两高对峙的形势下，热带气旋残余环流稳定少动。此外，印缅槽偏强，在印度半岛至孟加拉湾北部存在闭合低压环流。与 500 hPa 环流场相对应，在 700 hPa 上湖北东部存在一闭合低涡，三花区间处于低涡北部的倒槽中，具备有利于暴雨发生的动力条件。在低涡与其下游高压脊之间强气压梯度力的作用下，江淮一带的西南风加强，沿东海—长江下游—淮河上中游—金堤河形成了一条东南—西北走向的急流轴，中心风速达 14 m/s，急流遇太行山、伏牛山等山脉阻挡，风向由东南方向突变为偏东方向，且风速也迅速减弱，三花区间处于急流左前方，急流向其输送丰沛的水汽和能量。此外，印缅槽前西南气流将阿拉伯海、孟加拉湾的水汽输送至华南地区，并最终汇入热带气旋残余环流东侧的偏南气流中，为暴雨发生提供了十分有利的水汽和热力条件。850 hPa 和 925 hPa 风场与 700 hPa 相似，但急流强度更强，中心风速达 16 m/s，为三花区间输送更为充沛的水汽和能量（图 4.18）。

（2）个例分析

考察参与合成的 10 个暴雨日的环流场发现，除 1980 年 7 月 28 日以外，其余暴雨日均发生在东高西低或两高对峙的环流形势下，其中 1975 年 8 月 7 日、1982 年 7 月 30 日和 31 日、1988 年 8 月 9 日和 1996 年 8 月 2 日西太副高或与西侧大陆高压连通，或其西段西伸至 110°E 以西，形成高压坝形势，在其影响下，北上热带气旋深入内陆受阻停滞，造成三花区间发生暴雨。此外，除 1980 年 7 月 28 日以外，9 个暴雨日还存在一个共同点，即热带辐合带强盛且偏北，西北太平洋和南海热带气旋和低压扰动活跃，与北侧副高之间形成较强的偏东风气流，持续将水汽和能量输送至已深入内陆的热带气旋环流及暴雨区，十分有利于热带气旋残余环流的维持及三花区间强降水的持续。而 1980 年 7 月 28 日，受日本气旋影响，西太副高明显偏南，中心脊线位于 18°N 左右，北界位于 32°N 左右，副高在热带气旋下游构成的阻挡形势明显弱于其余 9 个暴雨日，且热带辐合带偏南，虽然辐合带中存在若干低压扰动，但受北侧副高阻挡作用，其向三花区间的直接水汽输送受阻，故该日暴雨强度明显弱于其余 9 个暴雨日。

比较面平均雨量≥50 mm 的个例（1982 年 7 月 30 日和 31 日、1996 年 8 月 3 日）环流形

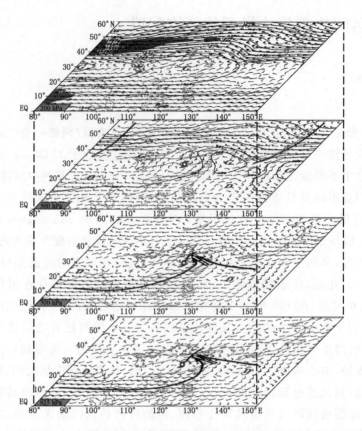

图 4.18　Ⅰ-1 类 TC 暴雨环流配置（G、D 分别代表高、低压中心，曲线代表槽线，
实心箭头线代表水汽输送，空心箭头线代表低空急流，ϟ 代表 TC，下同）

势（图 4.19）与平均场的差异，可以发现，暴雨发生时，在 200 hPa 上，华北上空高压脊加强，
其中 1982 年 7 月 30 日和 31 日，华北高压脊上游低槽发展，导致脊向东北方向延伸，亚洲中
高纬环流经向度明显加大，而 1996 年 8 月 3 日，亚洲中高纬环流经向度虽然未明显加大，但
华北受闭合高压环流控制，且高压处于加强的阶段。在对流层低层，低空急流以及西北太平
洋 TC 对暴雨区的水汽和能量输送明显强于平均场，故暴雨强度更强。

（3）TC 相似路径有、无暴雨环流场对比分析

挑选 195612 号个例进行对比分析，195612 号热带气旋自西北太平洋生成后先向东北方
向后转向西北方向移动，在浙江登陆后继续深入内陆，后途经安徽、河南、山西，最终在陕西
境内减弱消亡，受热带气旋、副高、低空偏南风急流和偏东风急流配合太行山地形影响，浙
江、江苏、安徽、河南和河北相继出现区域性暴雨到大暴雨，但自热带气旋残余环流进入山西
之后，并未造成所经之地出现暴雨，以 1956 年 8 月 4 日为例进行说明，该日沁河处于暖式切
变线处，具有十分有利的动力条件，但随着热带气旋减弱，其与副高之间的气压梯度明显减
小，且来自西北太平洋的水汽被南海低压扰动截获，向三花区间的水汽输送明显减弱（图
4.20），故该日仅沁河出现区域大雨。

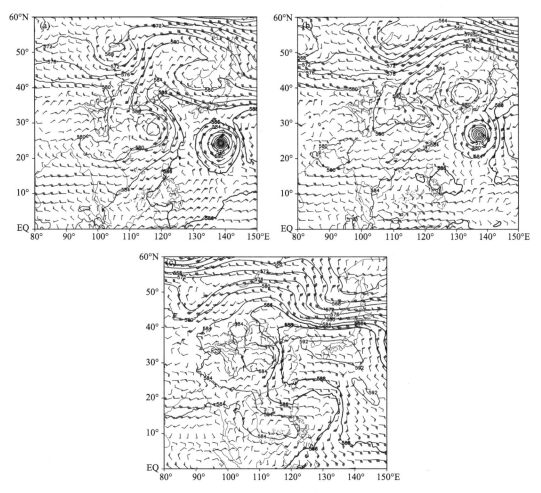

图 4.19　Ⅰ-1 类暴雨个例(面平均雨量≥50 mm)500 hPa 高度场和风场
(a)1982 年 7 月 30 日,(b)1982 年 7 月 31 日,(c)1996 年 8 月 3 日

4.3.2　Ⅰ-2 类

(1)平均场

Ⅰ-2 类 TC 暴雨发生时,在 200 hPa 上,与Ⅰ-1 类相比,南亚高压控制范围明显偏小,脊线位置相似,三花区间同样处于高压东北部,受反气旋环流控制;高空急流较Ⅰ-1 类明显偏强,亚洲中纬度存在两条急流带,三花区间处于东侧急流带入口区的右侧。在 500 hPa 上,亚洲中高纬环流呈"两槽一脊"型,贝加尔湖及鄂霍次克海一带为低压槽区,我国东北为高压脊区。中纬度地区环流呈典型的"东高西低"型,河套及其以南地区为低压槽区,西太副高主体位于海上,但 584 dagpm 特征线西伸至鄂湘渝一带,中心脊线位置位于 28°N 左右。低纬度热带气旋即将登陆或已经登陆广东或福建,但受副高西伸影响,其北上受阻,很难到达 25°N 以北地区。此外,低纬度印度低压活跃,在印度半岛至孟加拉湾形成一闭合低压中心。在 700 hPa 上,我国东部除东北地区以外均受偏南气流控制,来自阿拉伯海、孟加拉湾的水汽沿

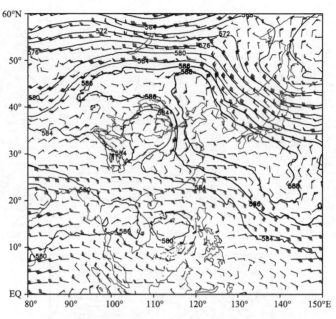

图 4.20　1956 年 8 月 4 日 500 hPa 位势高度场和风场

印度低压南侧的偏西风气流向东输送,与南海水汽汇合后沿热带气旋及副高之间的偏南风气流向北推进,为暴雨区提供了充沛的水汽供应。此外,三花区间存在风速辐合,加之太行山、伏牛山等地形的抬升作用,为暴雨发生提供了有利的动力条件。在 850 hPa 和 925 hPa上,一东北—西南走向的切变线从四川盆地延伸至三花干流,尤以 925 hPa 切变更强(图 4.21)。

(2)个例分析

24 个 Ⅰ-2 类暴雨日中有 14 d 存在冷空气入侵,其中三花区间面雨量达 30 mm 以上的16 个暴雨日中,有 11 d 有冷空气影响,占比高达 68.8%,而面雨量未达 30 mm 的 8 个暴雨日中,仅 2 d 有冷空气影响。通过对比两种雨强暴雨日 700 hPa 风场可知,面雨量 30 mm 以上的暴雨发生时,西风槽槽线位置偏东,位于 105°—110°E,西风槽携带的冷空气易与西南暖气流结合,对暴雨具有增幅作用,而面雨量 30 mm 以下的暴雨发生时,西风槽槽线位置偏西,位于 100°E 左右,三花区间未有冷空气入侵,产生的暴雨多为西南风(13 d)、偏南风(8 d)或东南风(3 d)气流引起的暖区暴雨,其中 1958 年 7 月 16 日和 1982 年 7 月 29 日是特例,这两日暴雨强度分别位列 Ⅰ-2 类暴雨日的第一位和第三位,但暴雨发生时并未有冷空气入侵,均为东南暖湿气流产生的暖区降水。此外,这两日还有一个共同点,即除东南沿海即将登陆的TC 影响之外,西北太平洋上还存在一 TC,形成了自大洋经东南沿海后直抵内陆的强水汽通道,由此可见,即使未有冷空气影响,在副高、TC、低空急流和地形的有利配合下,三花区间仍有可能产生极端暴雨。

比较面平均雨量≥50 mm 的个例(1958 年 7 月 16 日、1973 年 7 月 1 日、1982 年 7 月 29日和 1983 年 9 月 7 日)环流形势与平均场的差异,发现暴雨发生时,200 hPa 上亚洲中纬度经向度明显偏强,内蒙古西部—甘肃东部—四川中部为低压槽区,其下游东北至华北为高压脊

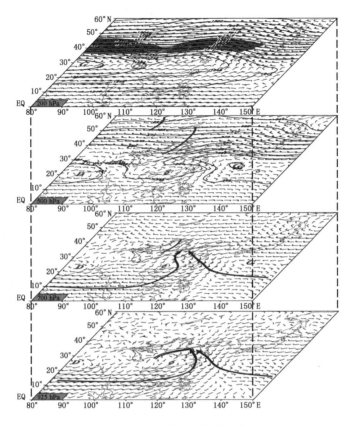

图 4.21 I-2 类 TC 暴雨环流配置

区,其中 1958 年 7 月 16 日,东北地区受闭合高压控制,高压中心达 1252 dagpm,在南压高压和东北高压的夹击下,两者之间的低压槽十分狭长,对流层高层的强辐散对该日的暴雨强度具有一定的预报意义。与平均场相比,500 hPa 上河套及其以南的低压槽强度偏强,副高偏强偏西,其中 1958 年 7 月 16 日副高西伸脊点达 115°E 左右,中心脊线位于 38°N 左右,北界位于 45°N 左右,因此对上游西风槽的阻挡作用更强(图 4.22),在对流层低层,三花区间以南偏南风风速更大,达低空急流级别,对暴雨区的水汽和能量输送更强。

对比 I-1 类和 I-2 类暴雨当日 500 hPa 高度场,可知两者的相同点是,亚洲中高纬环流呈"两槽一脊型"、副高西段构成高压坝形势以及印缅槽或印度低压强盛,不同点主要表现为以下 3 个方面,一是中高纬上游槽位置差异显著,I-1 类位于 80°E 左右,而 I-2 类位于 100°E 左右;二是副高形态差异显著,I-1 类副高 584 dagpm 特征线西段呈块状,脊线近乎呈西北—东南走向,而 I-2 类 584 dagpm 特征线西段呈东西带状,且 I-1 类副高西段明显比 I-2 类偏北偏东,故 I-1 类 TC 较 I-2 类更容易北上深入内陆;三是 I-1 类热带辐合带较 I-2 类偏北,故辐合带中 TC 或热带扰动更活跃,更容易形成多 TC 共存并建立西北太平洋向暴雨区的水汽输送通道。

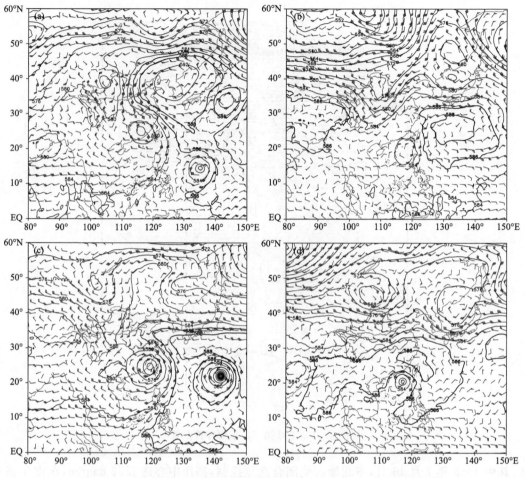

图 4.22　I-2 类暴雨个例（面平均雨量≥50 mm）500 hPa 高度场和风场
(a)1958 年 7 月 16 日，(b)1973 年 7 月 1 日，(c)1982 年 7 月 29 日，(d)1983 年 9 月 7 日

（3）TC 相似路径有、无暴雨环流场对比分析

挑选 201522 号（"杜鹃"）和 201809 号（"玛莉亚"）两个个例，分析热带气旋中心位置与图 4.21 平均场位置相近时的环流形势可知，2015 年 9 月 28 日副高较平均场明显偏强偏西，西伸脊点位于 92°E 附近，三花区间位于副高北部，受反气旋环流控制，另一方面，受副高异常西伸影响，南海和西北太平洋水汽向北输送受阻，故三花区间未出现暴雨。2018 年 7 月 10 日副高虽未阻挡水汽输送，但其中心脊线偏北，北界偏北，三花区间受反气旋环流控制，不利于上升运动（图 4.23），故该日也未出现区域性暴雨。

4.3.3　Ⅱ类

（1）平均场

Ⅱ类 TC 暴雨发生时，在 200 hPa 上，亚洲中高纬环流较平直，南亚高压脊线位置较 I-1 类和 I-2 类略偏北，高压北侧急流较强，范围较广，从新疆至我国东北为连续的东西向急流

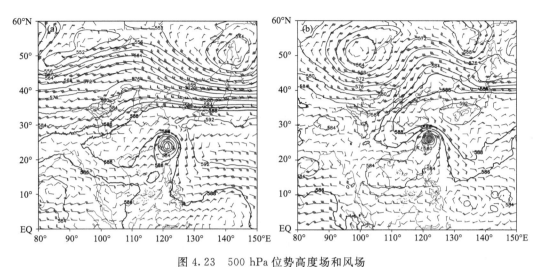

图 4.23 500 hPa 位势高度场和风场

(a)2015 年 9 月 28 日,(b)2018 年 7 月 10 日

带。在 500 hPa 上,亚洲中纬度环流呈"东高西低"型,青藏高原上空受长波槽控制,三花区间处于长波槽前,西太副高主体位于海上,西伸脊点位于 120°E 左右,中心脊线位于 28°N 左右,586 dagpm 特征线西伸至贵州,西段北界位于江淮地区;低纬度存在一热带气旋,其沿副高南侧西行,在华南沿海地区登陆后继续西行,影响三花区间时,热带气旋中心位于海南岛或其附近地区。此外,印度低压活跃,在印度半岛至孟加拉湾一带存在一闭合环流,中心达 584 dagpm。相应地,在 700 hPa 上,一近乎东西向的暖式切变线自渭河上游经北洛河中下游延伸至三花区间,该切变线形成于内蒙古西部高压东南侧的偏东气流与西太副高西北侧的西南气流之间;印度低压南侧的暖湿气流向东行至南海,与热带气旋南侧的气流汇合后,沿副高西侧向北直抵三花区间,为暴雨区输送了充沛的水汽和能量。在 850 hPa 和 925 hPa 上,暖式切变线位置较 700 hPa 偏南,从重庆经湖北东部延伸至金堤河,三花区间处于切变线西侧的偏东风气流中,偏东风遇太行山、伏牛山等地形阻挡抬升,有利于暴雨的发生(图 4.24)。

(2)个例分析

逐个考察该类暴雨发生时各日的环流场(图略),可以发现,除 1958 年 5 月 31 日三花区间暴雨未受西太副高影响以外,其余各日均有副高的配合。其中有 12 个暴雨日西太副高脊线位于 25°—30°N,约占 57.1%,5 d 位于 30°N 以北,约占 23.8%,3 d 位于 25°N 以南,约占 14.3%。1960 年 8 月 8 日脊线位置最偏北,位于 35°N,2015 年 6 月 24 日最偏南,位于 20°N;有 15 d 588 dagpm、586 dagpm 或 584 dagpm 特征线西伸位置位于 110°—120°E,占比高达 71.4%,有 4 d 位于 110°E 以西,约占 19.0%,仅 1 d 位于 120°E 以东。其中,2010 年 7 月 23 日西伸位置最偏东,位于 122°E 左右,2014 年 9 月 14 日最偏西,位于 103°E 左右;有 15 个暴雨日内蒙古至东北地区上空受低涡或低槽控制,占比高达 71.4%,内蒙古低涡或低槽底部分裂南下的冷空气以及东北地区低涡或低槽回流的冷空气使暴雨区上空的对流不稳定能量加强,有利于暴雨的发生和发展。其余 6 d 虽然中高纬没有受明显的低涡或低槽影响,但高原

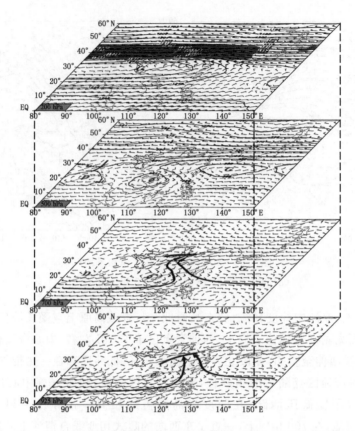

图 4.24　Ⅱ类 TC 暴雨环流配置(双曲线代表低空切变线,下同)

槽活跃,其与副高配合,同样有利于暴雨的发生;21 个暴雨日中有 8 d 存在双 TC 或 TC 与热带低压共同影响,分别为 2006 年 7 月 2 日、2014 年 9 月 15 日、1975 年 9 月 19 日、1960 年 8 月 8 日、1966 年 7 月 30 日、1963 年 8 月 29 日、2001 年 7 月 26 日和 2014 年 9 月 16 日;此外,21 个暴雨日发生时,印度半岛至孟加拉湾上空均存在闭合低压环流或低压槽,但强度和位置略有差异,其中 2006 年 7 月 2 日,印度低压强度最强,中心位于印度半岛东北部,中心值达576 dagpm。从 700 hPa 风场上来看,21 个暴雨日中有 13 d 存在冷空气入侵,占比高达61.9%;且除 1960 年 8 月 8 日受偏东风气流影响以外,其余 20 d 暴雨区均位于切变线附近,其中有 16 d 为东西向切变线影响,4 d 为东北—西南向或南北向切变线影响;有 14 d 暴雨区位于低空急流末端,为暴雨发生提供了有利的动力、水汽和能量条件。

　　比较面平均雨量≥50 mm 的个例(2006 年 7 月 2 日)环流形势与平均场的差异,发现暴雨发生时,在 200 hPa 上,南亚高压强度明显强于平均场,三花区间处于 1252 dagpm 特征线的东北边缘,受反气旋环流控制;在 500 hPa 上,副高较平均场偏强偏西,西伸脊点位于113°E 左右,586 dagpm 特征线更是西伸至 100°E 左右,低纬南海 TC 及印度低压较平均场偏强,菲律宾以东同时存在一 TC(图 4.25)。在 700 hPa 上,黄河中下游南部切变位置与平均场相似,但切变线以南西南风气流明显偏强,南海 TC 与副高之间的东南风急流沿副高边缘转为西南风急流且向北不断输送水汽,三花区间位于急流左前方。同样,在 850 hPa 和

925 hPa 上,低空急流的强度明显强于平均场,为暴雨的发生提供了更为有利的水汽、动力和能量条件。

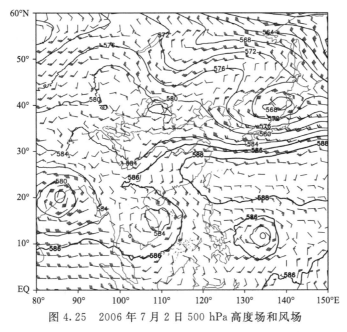

图 4.25　2006 年 7 月 2 日 500 hPa 高度场和风场

(3)TC 相似路径有、无暴雨环流场对比分析

挑选登陆西行型 TC 未造成三花区间暴雨的个例,比较其环流形势与图 4.24 的差异。这里挑选 200816 号("黑格比")和 201214 号("启德")两个个例,分析热带气旋中心位置与图 4.24 平均场位置相近时的环流形势,可知 2008 年 9 月 24 日和 2012 年 8 月 17 日,副高均较平均场异常偏强偏西偏北,北界分别位于 33°N 和 36°N,三花区间位于高压脊区(图 4.26),故未发生暴雨。

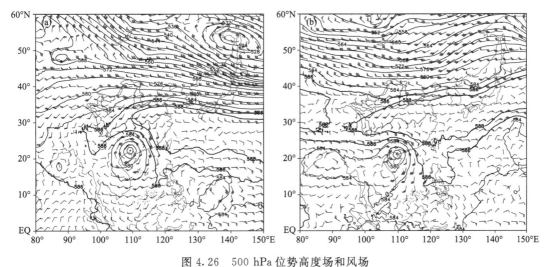

图 4.26　500 hPa 位势高度场和风场

(a)2008 年 9 月 24 日,(b)2012 年 8 月 17 日

4.3.4　Ⅲ类

（1）平均场

Ⅲ类 TC 暴雨发生时,在 200 hPa 上,南亚高压中心位于青藏高原以南,脊线位于 26°N 附近,亚洲中纬度急流范围较Ⅱ类更广,东延至日本以东。此外,在台湾以东存在一反气旋环流。在 500 hPa 上,青藏高压与西太副高形成两高对峙局势,584 dagpm 特征线西伸至长江下游,河套以南受低压槽控制,三花区间位于低压槽前,台湾东南方存在一热带气旋,其倒槽直接影响东南沿海地区。相应地,在 700 hPa 上,河套以南受一低涡控制,三花区间位于低涡东南部,热带气旋较对流层中层偏北,中心位于台湾,比 200 hPa 反气旋环流中心位置偏西,此外,印度低压活跃,孟加拉湾水汽经低压南侧偏西气流进入南海后,随热带气旋与副高之间的偏南气流向北输送,为三花区间暴雨的发生提供了充沛的水汽条件。850 hPa 和 925 hPa 风场比 700 hPa 更为有利,自台湾以东至江淮地区形成一条东南—西北走向的大风速带,水汽和能量输送更为强烈,三花区间存在东南风风速辐合,有利于水汽聚集(图 4.27)。

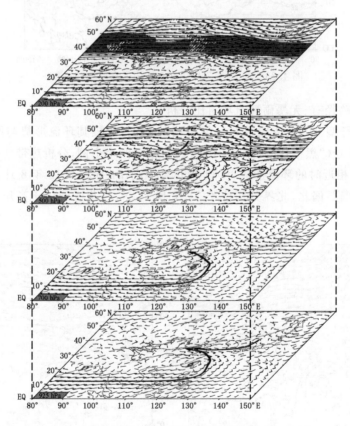

图 4.27　Ⅲ类 TC 暴雨环流配置

（2）个例分析

逐个考察该类暴雨发生时各日的环流场(图略),发现 5 个暴雨日黄河中游上空均受低压槽或低涡控制,但位置和强度具有差异,其中 1962 年 8 月 4 日、1977 年 8 月 21 日和 2004 年

6 月 29 日,槽线位于 110°E 附近,1992 年 9 月 19 日和 1994 年 7 月 11 日,槽线位于 105°E 附近,1977 年 8 月 21 日低压强度最强,汾河出现一 576 dagpm 闭合环流,1992 年 9 月 19 日河套以南仅出现一经向度较小的浅槽;暴雨发生时,副高的位置、强度、形态差异明显,1962 年 8 月 4 日和 1992 年 9 月 19 日,副高明显偏西偏强,西伸脊点分别位于 118°E 和 108°E 附近,1994 年 7 月 11 日次之,西伸脊点位于 120°E 附近,而其余两日,受低压系统影响,副高异常偏东,西伸脊点均位于 140°E 以东;除 1994 年 7 月 11 日三花区间暴雨为 TC 倒槽直接影响以外,其余 4 d 均为 TC 远距离影响,且除 1992 年 9 月 19 日暴雨区受双 TC 影响以外,其余 4 d 均为单一 TC 影响。从 700 hPa 风场(图略)来看,仅 1977 年 8 月 21 日暴雨有弱冷空气入侵;除 1994 年 7 月 11 日暴雨区受 TC 北部南北向倒槽影响以外,其余 4 d 暴雨区均受东西向或东北—西南向切变线影响;仅 1962 年 8 月 4 日和 1994 年 7 月 11 日暴雨区处于偏南风低空急流的左前方,其余暴雨日未有低空急流的配合;5 d 暴雨区水汽均来自 4 个源区,即阿拉伯海、孟加拉湾、南海和西北太平洋。

　　比较此类 TC 暴雨中面平均雨量最大日(1992 年 9 月 19 日)的环流形势与平均场的差异,发现暴雨发生时,在 200 hPa 上,南亚高压中心位于我国西南部,较平均场偏东,三花区间处于高压北部。在 500 hPa 上,与平均场一致,在河套以南存在一南北向低槽,但副高明显偏强偏西,脊线位置略偏南,西伸脊点位于 107°E 左右,中心脊线位于 28°N 左右,菲律宾以东存在一 TC,位置较平均场偏东偏南。此外,在海南岛以南同时存在一 TC,与菲律宾以东 TC 之间形成互旋作用(图 4.28)。在 700～925 hPa 上,低纬海南岛附近的 TC 南侧的气流将南海的水汽向东输送,与其东侧 TC 周围的水汽汇合后,沿副高边缘向西向北输送,与平均场相比,偏南风风速更强,水汽和能量输送作用也更强。

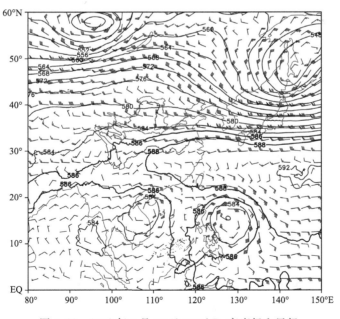

图 4.28　1992 年 9 月 19 日 500 hPa 高度场和风场

（3）TC 相似路径有、无暴雨环流场对比分析

挑选 201411 号（"麦德姆"）和 201616 号（"莫兰蒂"）两个个例，分析热带气旋中心位置与图 4.27 平均场位置相近时的环流形势，可知 2014 年 7 月 22 日副高异常偏强偏西，西伸脊点位于 103°E 左右，中心脊线位于 32°N 左右，三花区间受副高控制，故未发生暴雨。而 2016 年9 月 13 日，三花区间位于西风槽槽底，但副高同样偏强偏西，西伸脊点位于 80°E 左右，阻碍了水汽的向北输送，故同样未出现暴雨（图 4.29）。

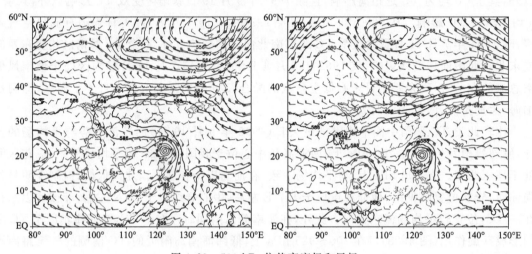

图 4.29　500 hPa 位势高度场和风场
(a)2014 年 7 月 22 日，(b)2016 年 9 月 13 日

4.3.5　Ⅳ类

（1）平均场

Ⅳ类 TC 暴雨发生时，在 200 hPa 上，亚洲中高纬环流呈"两槽两脊"型，贝加尔湖以东至秦岭为低压槽区，亚洲中纬度存在两条急流带，其中东侧急流带从内蒙古中东部向北向东延伸至鄂霍次克海，三花区间处于急流入口区右侧；南亚高压脊线较Ⅰ-1 类、Ⅰ-2 类、Ⅱ类和Ⅲ类均偏北，位于 29°N 附近。在 500 hPa 上，三花区间暴雨发生在"西低东高"的环流背景下，自内蒙古东部经河套至四川盆地为狭长的低压槽区，副高控制日本海，西伸脊点位于 125°E附近，脊线位于 38°N 左右，热带气旋位于副高以南、台湾以东海域。相应地，在 700 hPa 上，热带气旋与副高之间形成偏东风急流，将西北太平洋和东海的水汽向暴雨区输送，与来自贝加尔湖以东南下的冷空气汇合后，造成区域暴雨的发生。在 850 hPa 和 925 hPa 上，暴雨区受偏东风影响，无明显的冷空气入侵（图 4.30）。

（2）个例分析

逐个考察该类暴雨发生时各日的环流场（图略），发现 5 个暴雨日相似之处是，亚洲中高纬环流均为"两槽一脊"型，中纬度地区环流为"西低东高"型，但不同的是，西风槽和副高的位置、强度具有差异。1959 年 8 月 4 日西风槽最偏西，位于内蒙古西部至青海东部（100°E 附

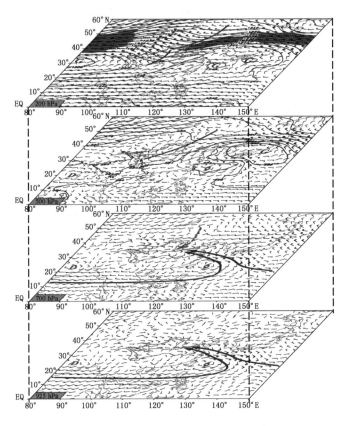

图 4.30　Ⅳ类 TC 暴雨环流配置(虚点箭头线代表冷空气)

近),其余 4 d 均位于 105°E 附近,其中 1982 年 8 月 13 日,黄河中游受一气旋性涡旋控制,涡旋中心位于泾渭河中下游,中心值达 580 dagpm。除 1963 年 8 月 7 日以外,副高均明显偏强偏西,其中 1964 年 7 月 26 日西伸脊点最偏西,位于 118°E 附近,副高脊线位置差异较大,1964 年 7 月 26 日和 27 日位于 32°N 附近,而 1982 年 8 月 13 日则最偏南,位于 27°N 附近。暴雨发生时,除 1982 年 8 月 13 日 TC 位于副高西部以外,其余 4 d 均位于副高南部。从700 hPa 风场(图略)来看,1959 年 8 月 4 日、1963 年 8 月 7 日和 1964 年 7 月 27 日暴雨区均有冷空气的入侵,并与副高西北边缘的偏南暖湿气流形成切变或低涡;1964 年 7 月 26 日和27 日,西南涡东移发展,三花区间位于其东北部,为暴雨的发生提供了有利的动力条件;1982年 8 月 13 日,TC 位于黄海,其北侧偏东风气流将水汽源源不断地向三花区间输送,加之太行山、伏牛山等地形的抬升作用,从而引发暴雨;除 1964 年 7 月 26 日和 27 日暴雨区水汽源自西北太平洋以外,其余暴雨日水汽均来自 4 个源区,即阿拉伯海、孟加拉湾、南海和西北太平洋。

　　比较此类 TC 暴雨中面平均雨量最大日(1964 年 7 月 26 日)的环流形势与平均场的差异,发现暴雨发生时,200 hPa 环流形势与平均场十分相似,但亚洲中高纬度环流经向度更大,贝加尔湖以东—河套—青海东部的低槽强度更强。相应地,在 500 hPa 上,贝加尔湖以东—河套—秦岭的低槽强度也更强,同时副高较平均场偏强偏西,中心强度达 592 dagpm,西

伸脊点位于115°E左右,台湾以东 TC 位置和强度与平均场相当(图4.31)。在700～925 hPa
上,TC与副高之间的东南风急流强度更强,向三花区间的水汽和能量输送更强,因此暴雨强
度更大。

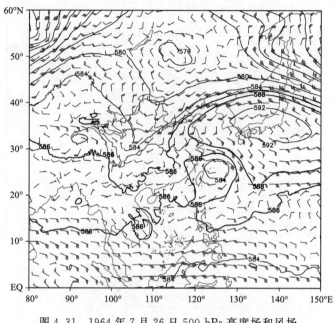

图4.31　1964年7月26日500 hPa高度场和风场

(3)TC 相似路径有、无暴雨环流场对比分析

挑选200218号("鹿莎")和201216号("布拉万")两个个例,分析热带气旋中心位置与图
4.30平均场位置相近时的环流形势,可知2002年8月29日副高较平均场偏东偏南,西伸脊
点位于127°E左右,中心脊线位于35°N左右,热带气旋位于台湾东北部,强度达台风级。此
外,青藏高原上空受高压控制,与副高形成两高对峙局势,华北平原至长江中下游为低压槽
区,三花区间位于槽后,不利于降水的发生。2012年8月26日,三花区间受气旋性涡旋控
制,虽动力条件有利,但副高中心脊线偏南,不利于西北太平洋水汽向三花区间输送,故该日
同样未发生区域性暴雨(图4.32)。

4.3.6　Ⅴ类

(1)平均场

Ⅴ类 TC 暴雨发生时,在200 hPa 上,亚洲中纬度环流较平直,急流带由新疆向东延伸至
鄂霍次克海,南亚高压覆盖范围为5类中最小,脊线位于28°N附近,1248 dagpm特征线东端
仅至湖南一带。在500 hPa 上,亚洲中纬度环流呈"西低东高"型,贝加尔湖以南至秦岭为低
压槽区,副高呈块状分布,西伸脊点位于118°E左右,中心脊线位于25°N左右,北界位于
33°N左右,584 dagpm特征线西伸至92°E左右,其南侧南海上存在一热带气旋。此外,印度
低压活跃,中心位于孟加拉湾北部。在700 hPa 上,热带气旋和副高之间形成偏南风大风速
带,偏南风沿副高西侧向三花区间输送水汽和能量。自泾渭洛河至黄河下游,存在一东西走

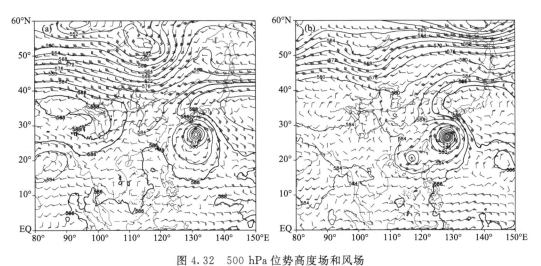

图 4.32　500 hPa 位势高度场和风场

(a)2002 年 8 月 29 日,(b)2012 年 8 月 26 日

向的暖式切变线,暴雨区大部处于切变线以南,具备暴雨发生的动力条件。在 850 hPa 和 925 hPa 上,四川盆地一带存在一低涡,暴雨区位于低涡的东北部,风场存在西南风和偏东风之间的切变,切变线位置比 700 hPa 略偏南。(图 4.33)。

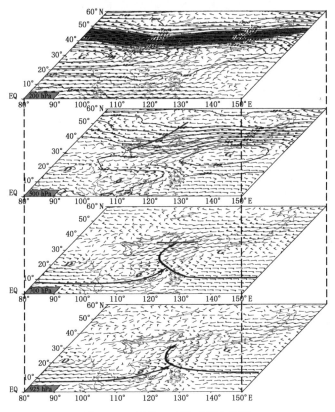

图 4.33　Ⅴ类 TC 暴雨环流配置

（2）个例分析

逐个考察该类暴雨发生时各日的环流场（图略），发现 4 个暴雨日均发生在"西低东高"环流背景下，副高均较常年异常偏强偏西，其中 1987 年 8 月 13 日副高西伸脊点最偏西，位于 95°E 附近，其余 3 d 位于 115°E 附近，1973 年 7 月 6 日副高主体最偏北，与西风带高压脊同位相叠加，控制黄海至日本海一带，1972 年 9 月 1 日和 1978 年 7 月 1 日，副高中心脊线位于 25°N 附近，1987 年 8 月 13 日副高最偏南，中心脊线位于 22°N 附近。西风槽的位置和强度具有差异，1972 年 9 月 1 日西西伯利亚上空受阻塞高压控制，阻塞高压前部伸出一横槽，伴随阻塞高压崩溃，横槽转竖，携带冷空气南下与暖湿气流交绥，造成三花区间暴雨的发生。1973 年 7 月 6 日，西风槽最偏西，位于新疆，1978 年 7 月 1 日和 1987 年 8 月 13 日，西风槽位于 115°E 附近，且均出现闭合中心。在 700 hPa 风场（图略）上，除 1987 年 8 月 13 日以外，其余暴雨日均有低空急流的作用，暴雨区均位于低空急流末端或其左前方，急流的强度和范围以 1972 年 9 月 1 日为最强和最广。1972 年 9 月 1 日、1978 年 7 月 1 日和 1987 年 8 月 13 日暴雨还有低空切变线的配合，暴雨区均位于切变线以南。从水汽来源上来看，1972 年 9 月 1 日水汽主要源自南海和西北太平洋，而其余暴雨日源自阿拉伯海、孟加拉湾、南海和西北太平洋。

比较此类 TC 暴雨中面平均雨量≥50 mm 个例（1972 年 9 月 1 日）的环流形势与平均场的差异，发现暴雨发生时，200 hPa 上亚洲中高纬环流呈"一槽一脊"型，其中西西伯利亚平原受一阻塞高压控制，贝加尔湖及其以南地区受阻塞高压前横槽控制，三花区间位于横槽槽前，由此可见，中高纬西风带经向度明显强于平均场，南亚高压脊线位置与平均场一致，但强度偏弱。与对流层高层一致，在 500 hPa 上，亚洲中高纬受阻高和横槽控制，副高较平均场偏强偏西，西伸脊点位于 113°E 左右（图 4.34）。在 700～925 hPa 上，受副高偏强偏西影响，其与西风槽之间的气压梯度力加大，故两者之间的西南风加强，自华南至华北平原南部形成连续的低空急流带，三花区间位于急流左前方，有利于辐合上升运动。此外，由于横槽转竖过程中携带冷空气南下，与暖湿气流交汇于三花区间，对暴雨产生增幅作用。

（3）TC 相似路径有、无暴雨环流场对比分析

挑选南海西行型热带气旋未造成三花区间暴雨的个例，比较其环流形势与图 4.33 的差异。这里挑选 200620 号（"象神"）和 200917 号（"凯萨娜"）两个个例，分析热带气旋中心位置与图 4.33 平均场位置相近时的环流形势，可知 2006 年 9 月 28 日亚洲中纬度环流较平直，河套以南有一浅槽，强度明显小于平均场，副高偏强偏西，西伸脊点位于 90°E 附近，热带气旋强度为台风级，中心位于南海，此外，印度低压活跃。在这种环流形势下，由于副高异常偏西，阻碍了阿拉伯海、孟加拉湾、南海和西北太平洋的水汽向北输送，因此该日三花区间未出现区域性暴雨。而对于 2009 年 9 月 27 日而言，亚洲中低纬度环流形势与平均场相似，但中高纬差异较大，我国东北华北受低压槽控制，三花区间处于槽后，不利于暴雨的发生（图 4.35）。

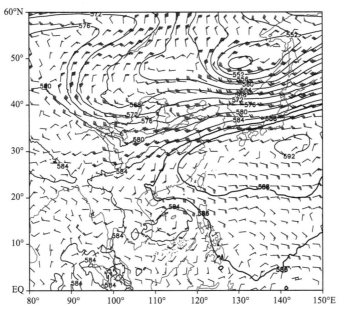

图 4.34　1972 年 9 月 1 日 500 hPa 高度场和风场

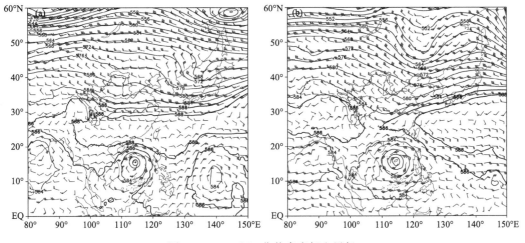

图 4.35　500 hPa 位势高度场和风场

(a)2006 年 9 月 29 日,(b)2009 年 9 月 27 日

4.3.7　各类 TC 暴雨环流配置异同比较

6 类 TC 暴雨相同的是,在 200 hPa 上,暴雨发生期间南亚高压东段均处于不断北抬的阶段,三花区间受高压东北侧反气旋环流控制,具备有利的高空辐散条件;在 500 hPa 上,亚洲中纬度均呈东高西低或两高对峙型,印度低压或印缅槽均较强;在对流层低层,造成暴雨的水汽均来源于阿拉伯海、孟加拉湾和西北太平洋海域。

6 类 TC 暴雨不同的是,西太副高(形态、中心脊线和西伸脊点位置)、影响 TC 中心位置、影响系统等存在较大差异,具体差异为:①Ⅰ-1 类和Ⅳ类西太副高呈块状,其中Ⅰ-1 类脊线近乎呈西北—东南走向,与其他类 588 dagpm 或 584 dagpm 特征线相比,脊线位置最偏北,脊线西段在 35°—40°N,有利于 TC 北上深入内陆,且该类热带辐合带偏北,故热带低值系统最活跃,更易形成多 TC 共存;588 dagpm 或 584 dagpm 特征线的中心脊线以Ⅴ类最偏南,位于 25°N 左右,西伸脊点同样以Ⅴ类最偏西,西伸至 92°E 左右。②TC 暴雨发生时,Ⅰ-1 类影响 TC 中心位置最偏北,已深入内陆,中心位于湖北东部;Ⅰ-2 类和Ⅱ类位于海南附近;Ⅲ类和Ⅳ类位于台湾以东;Ⅴ类最偏南,位于南海 10°N 附近。③Ⅰ-1 类三花区间处于 TC 倒槽处以及低空西南急流的左前方;Ⅰ-2 类处于偏南风风速辐合区;Ⅱ类、Ⅲ类和Ⅴ类对流层低层有低涡或切变线影响;Ⅳ类低层有贝加尔湖东侧南下冷空气的配合。

第 5 章　2010 年以来典型致洪降水过程

近年来,随着全球气候变暖,黄河流域极端降水事件频发,由极端降水导致的洪水径流变化,对经济生产和人民生活造成了很大的危害(靳莉君 等,2016)。例如,2017 年 7 月 25—26 日,陕北大理河子洲、绥德、米脂等县出现特殊暴雨洪水过程,暴雨洪水致使子洲、绥德等县严重受灾,绥德县城内多座大桥漫水,老城街道过水 1 m 多,子洲县城部分街道被洪水淹没,部分供水、电力、通信、网络等基础设施损坏,居民生活受到极大影响(姚文艺 等,2018);2021 年黄河中下游发生 1949 年以来最大秋汛,中游干流 9 d 连续发生 3 次编号洪水,下游河段出现长历时、高水位、大流量洪水过程,小浪底水库达到投运以来最高水位 273.5 m(魏向阳 等,2021),山西、陕西、河南、山东 4 省 32 市 232 个县(市、区)666.8 万人受灾,因灾死亡失踪 41 人,农作物受灾面积 49.86 万 hm²,直接经济损失 153.4 亿元。本章对黄河流域 2010 年以来的典型致洪降水过程进行复盘分析,以期提高极端降水预报水平,为防洪减灾和水资源调度提供科学参考依据。

5.1　2012 年 7 月 26—27 日山陕区间暴雨洪水过程

5.1.1　雨水情概况

2012 年 7 月 26—27 日,山陕区间部分地区降中到大雨,局部暴雨到大暴雨,过程累计降水量最大点为佳芦河申家湾站(288 mm),该站 27 日 02 时—14 时 12 h 降水量为 227 mm,为有记载以来最强降水。强降水主要集中在两个时段:26 日 16 时—27 日 14 时,暴雨区主要在府谷—吴堡区间中下游干流两侧;27 日 20 时—28 日 08 时,暴雨中心位于秃尾河、佳芦河下游和无定河的上中游地区,以及窟野河口至佳芦河口的黄河干流两岸地区。

此次强降水过程形成了黄河中游龙门站 2012 年第 1 号和第 2 号编号洪峰。对应第一时段强降雨过程,山陕区间北部部分支流出现 40～50 a 以来最大洪水,干支流来水演进到吴堡水文站,7 月 27 日 13 时出现洪峰流量 10600 m³/s,龙门水文站 7 月 28 日 07 时洪峰流量 7620 m³/s,形成黄河干流 2012 年第 1 号洪峰。对应第二时段强降雨过程,吴堡水文站 7 月 28 日 08 时洪峰流量达 7580 m³/s,龙门水文站 7 月 29 日 00 时洪峰流量 5740 m³/s,形成黄河干流 2012 年第 2 号洪峰(张利娜 等,2013)。

5.1.2　环流背景

从 26 日 08 时 500 hPa 环流形势图上看,亚洲中纬度 40°N 以北的地区为两槽一脊环流型,其中乌拉尔山和贝加尔湖附近分别为深厚的低压槽,巴尔喀什湖以北为高压脊,而在中纬度偏南的地区尤其是 30°—40°N 为宽广的横槽区,山陕区间位于槽底,受偏南气流控制。同时,西太平洋副热带高压西伸脊点位于 105°E 附近,中心脊线在 33°N 附近,有利于偏南暖湿气流向黄河中游输送。之后,副高略有东退,但西伸脊点一直维持在 120°E 以西。26 日 20时,从横槽上分裂南下的短波槽开始自西向东影响我国,27 日 08 时,该短波槽位于内蒙古西部,申家湾站位于槽前,20 时,短波槽移至内蒙古中部一带,申家湾仍然受槽前西南气流控制(图 5.1),28 日 08 时,短波槽移至晋陕交界,申家湾处于槽后,降水结束。此次过程中,南支槽活跃,与副高共同为山陕区间输送了充足的水汽。

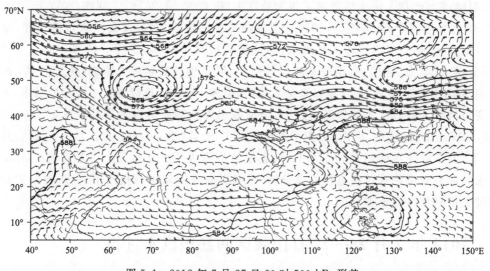

图 5.1　2012 年 7 月 27 日 20 时 500 hPa 形势

与 500 hPa 低压槽的位置基本一致,700 hPa 上 26 日 08 时在内蒙古东部—河套附近形成一条东北—西南向的切变线,申家湾站位于切变线东侧西南气流中。低纬度的印缅槽和副高不断地把来自孟加拉湾和西太平洋的水汽输送至黄河中游一带。26 日 20 时,流域北部的切变线快速移出黄河流域,同时,流域南部的暖湿气流在到达泾渭河以北地区后,与500 hPa 低压槽后部回流的冷空气交绥,形成了一条东西向的切变线,位于山陕区间中部一带。27 日 08 时,西南气流进一步加强,导致这条东西向切变线北抬至内蒙古河段境内。27日 20 时,在山陕区间尤其是北部一带形成西南急流,申家湾站正好处于急流入口区右侧,对降水十分有利。

5.1.3　物理量诊断分析

在降雨过程中,影响暴雨区的水汽通道有两支,一支是来自孟加拉湾和南海的西南风、南风水汽输送,另一支是来自西北太平洋的东南风水汽输送,其中在第一阶段降雨集中期,西南风、南风水汽输送相对较强,在第二阶段,由于副高的西伸北抬,东南风水汽输送加强。在整个降雨时段内,暴雨区上空的水汽通量散度维持在 -2×10^{-7} s^{-1} 左右。

暴雨发生前,25 日 20 时山陕区间积累了大量的不稳定能量,假相当位温(θ_{se})值高达

360 K,26 日降雨开始,27 日 02 时山陕北部出现了第一阶段的强降雨;随后能量释放,降雨暂时减弱;27 日 20 时山陕北部上空 θ_{se} 值再次增强,达到 355 K,形成了第二阶段的强降雨(图 5.2)。前期不稳定能量的积累以及强劲东南风气流的能量输送是造成此次强降水的重要原因。

暴雨过程中,除 27 日 14 时曾出现低层辐散、高层辐合的不利配置(与此后有一个降雨减弱阶段相一致),其他时次均呈现为低层辐合、高层辐散。雨区上空均存在深厚的上升运动区,且以中层的上升运动最为强烈。沿 111°E 500 hPa 垂直速度的纬度—时间剖面图显示,暴雨上升运动维持在 −0.1~0.3 Pa/s。

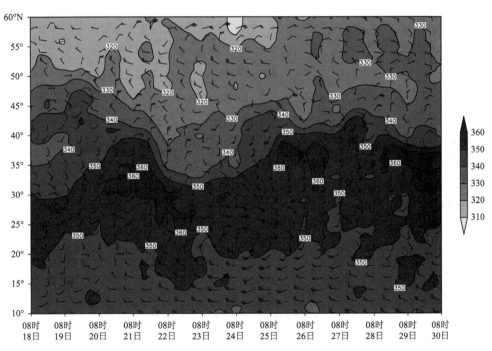

图 5.2　2012 年 7 月 18—30 日沿 111°E 850 hPa 假相当位温(阴影区,单位:K)和风场(矢量,单位:m/s)的纬度—时间剖面图

5.2　2017 年 7 月 25—27 日无定河流域暴雨洪水过程

5.2.1　雨水情概况

2017 年 7 月 25—27 日,黄河中游出现了一次区域性强降雨天气过程,其中 25 日为此次降雨过程最强的一日。25 日强降雨区位于山陕区间中北部,暴雨以上笼罩面积达 3.2 万 km²,其中无定河支流出现大暴雨,小理河支流李家圪站 24 小时点雨量达 256.8 mm,且在 25 日 21 时—26 日 02 时短短 6 h 内有 4 个时次小时雨强超过 30 mm/h,2 个时次小时雨强超过 60 mm/h,最大小时雨强出现在 22 时,达 66.6 mm/h。26—27 日强降雨区南压至山陕区间

中南部和泾渭洛河北部,26 日 24 h 最大点雨量为泾渭河文峰镇站 168.4 mm,27 日 24 h 最大点雨量为北洛河劳山站 121 mm。

此次降雨过程持续时间长、强度大,受其影响,黄河出现 2017 年第 1 号洪水。吴堡水文站 26 日 08 时 12 分洪峰流量 3560 m³/s,无定河白家川水文站 26 日 10 时 12 分洪峰流量 4500 m³/s,三川河后大成水文站 26 日 11 时 30 分洪峰流量 1100 m³/s,27 日洪水演进至黄河龙门水文站,01 时 06 分该站洪峰流量 6010 m³/s,形成黄河 2017 年第 1 号洪水。随后,洪水经黄河小北干流演进至潼关站,7 月 28 日 7 时洪峰流量 3230 m³/s(范国庆 等,2017)。

5.2.2　环流背景和影响系统分析

(1)环流背景

在 500 hPa 形势图上,25 日 08 时亚欧大陆中高纬度呈两槽一脊型,乌拉尔山和鄂霍次克海附近分别存在一低涡系统,西西伯利亚平原为一阻塞高压,其东南部贝加尔湖附近有一横槽。中纬度为较平直的西风气流,巴尔喀什湖以东有短波槽活动。西太平洋副热带高压脊线在 30°N 左右,西伸脊点在 108°E 左右,北界在 37°N 左右,副高主体控制江淮—江南一带。2017 年第 8 号热带气旋"桑卡"已在南海减弱为热带风暴,印度半岛有一低槽,山陕区间受该槽槽前以及副高西北边缘的西南暖湿气流控制。25 日 20 时,贝加尔湖附近的横槽转竖,且与巴尔喀什湖以东东移的短波槽合并,槽区从贝加尔湖延伸到内蒙古中部,跨越 15 个纬度,在东移过程中携带贝加尔湖的干冷空气与副高西北边缘的暖湿气流在山陕区间中北部交汇,有利于强降水的产生。此时,印缅槽与热带气旋"桑卡"合并,山陕区间的水汽主要来源于副高西北部的西南暖湿气流(图 5.3)。26 日 14 时,西风槽已东移至内蒙古东部—华北东部,山陕区间中北部已受槽后西北气流控制,副高西伸至 105°E 左右,27 日西风槽继续东移,副高进一步西伸北抬,山陕区间中南部处于副高西北部的西南暖湿气流之中。由此可见,贝加尔湖横槽转竖与东移短波槽的合并,以及副高在江淮—江南一带的稳定维持,是造成 7 月 25 日山陕区间中北部强降水的重要环流形势,西风槽携带的干冷气流与副高西北边缘的暖湿气流对峙,形成了此次强降水。

(2)影响系统

在 200 hPa 上,25 日 20 时沿蒙古南部—内蒙古东部—东北—日本海存在一股东西走向的高空急流,风速达 40 m/s 以上(图 5.3),山陕区间中北部位于高空急流入口区的右侧,有正的涡度平流和明显的辐散,有利于暴雨的产生。此急流区维持到 26 日 20 时,之后急流区东移。在 700 hPa 上,25 日 08 时青藏高原上有一低涡。25 日 20 时高原涡发展加强,其东北部切变线伸至黄河上游,低涡与副高之间产生了较大的气压梯度力,在渭河下游至山陕区间南部之间形成了一支西南风急流(图 5.3),该急流一直维持到 26 日 08 时。在此期间,山陕区间中北部一直处于急流北部末端。在 850 hPa 上,25 日 20 时龙三干流至山陕南部之间也存在一支偏南风急流。

由此可见,贝加尔湖横槽转竖与东移短波槽的合并以及副高在江淮—江南一带的稳定维持是造成山陕区间中北部强降水的重要环流背景。西风槽携带的干冷气流与副高西北边缘的暖湿气流对峙形成了此次强降水。造成此次强降水的影响系统有副高、西风槽、高原

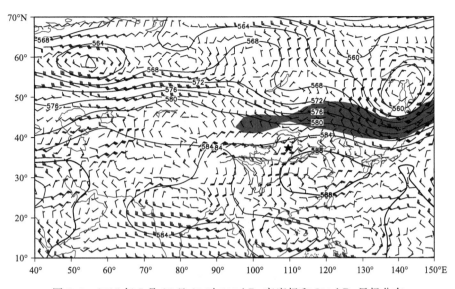

图 5.3　2017 年 7 月 25 日 20 时 500 hPa 高度场和 700 hPa 风场分布
（灰色阴影为 200 hPa 风速≥40 m/s 的高空急流区，★ 代表大暴雨区，下同）

涡、高低空急流等，其中高低空急流起到了重要作用。高空急流的维持使得雨区上空高层辐散加强，有利于垂直运动的加强。低空急流一方面将来自南海的暖湿气流源源不断地输送至雨区上空，为大暴雨的产生提供了充足的水汽和能量条件；另一方面，急流末端的风速辐合为大暴雨的产生提供了动力抬升条件。

5.2.3　物理量场分析

（1）水汽条件

水汽条件是暴雨形成的必要条件，通过分析水汽条件可以初步预测暴雨强度和大致落区（郭婷婷 等，2011）。由 700 hPa 比湿分布可知，25 日 08 时，山陕区间中北部上空比湿在 8 g/kg 以上，之后由于西南气流的水汽输送，比湿进一步加大，20 时比湿已达 9 g/kg 以上（图 5.4a），26 日 02 时山陕区间中北部正处于比湿大值中心，比湿达 10 g/kg 以上，为大暴雨的产生提供了充足的水汽条件（图 5.4b）。之后受西风槽槽后西北气流影响，河套一带的相对干区迅速南压，雨区上空比湿减小。水汽通量辐合是强降雨得以维持的必备条件。700 hPa 水汽通量散度沿 110°E 的纬度—时间剖面（图 5.5）显示，25 日 08 时—26 日 08 时，山陕区间中北部上空一直存在水汽通量辐合，为降水的持续性提供保障。在强降水发生时段内，山陕区间中北部上空始终存在水汽通量辐合，比湿维持在 10 g/kg 以上，为大暴雨的产生提供了充足的水汽条件。

（2）动力条件

分析强降水发生时段内涡度、散度、垂直速度沿 110°E 经度线的纬度—高度剖面（图 5.6），可知 25 日 08 时，暴雨区上空整层为一致的负涡度区，20 时中低层转为正涡度区，大值中心位于 40°N 上空的 700～500 hPa，之后正涡度区大值中心向南延伸（图 5.6a），26 日 02 时，暴雨区上空 850～700 hPa 处于涡度正值中心区，涡度值大于 1.0×10^{-5} s^{-1}，200～

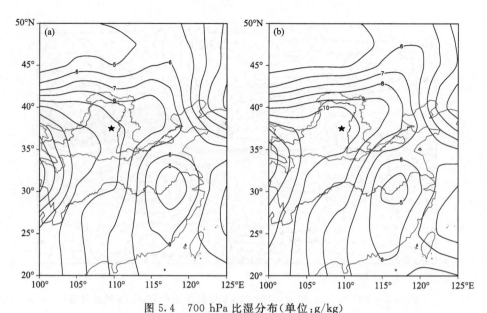

图 5.4 700 hPa 比湿分布(单位:g/kg)

(a)2017 年 7 月 25 日 20 时,(b)2017 年 7 月 26 日 02 时

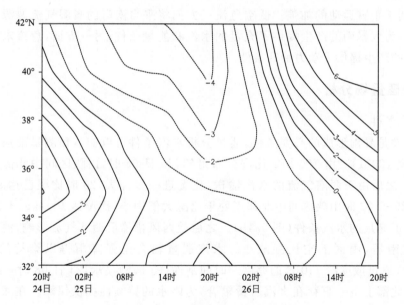

图 5.5 2017 年 7 月 24—26 日 700 hPa 水汽通量散度沿 110°E 纬度—时间剖面

(单位:10⁻⁷kg/(hPa·m²·s))

150 hPa 处于涡度负值中心区,涡度值小于-3.0×10^{-5} s⁻¹(图 5.6b)。之后中低层正涡度区向南向低层收缩,26 日 20 时山陕区间中北部大部分地区上空已转为一致的涡度负值区。

25 日 08 时,暴雨区上空散度自低层向高层呈现"+、-、+"的垂直分布特征,14 时散度分布已转为低层辐合、中高层辐散,20 时辐合层向上延伸,26 日 02 时,暴雨区上空中低层辐合、高层辐散均加强,且 300 hPa 层处于辐散中心,散度值达 0.7×10⁻⁵ s⁻¹(图 5.6c,d),高层存在净余辐散,有利于山陕区间中北部上空抽吸作用加强,进而使垂直速度加强(张红岩 等,2008)。

　　整个降水时段内,暴雨区上空为深厚的上升气流区,其中在 26 日凌晨,700~500 hPa 处于上升运动大值中心区,上升速度大于 0.14 Pa/s,相比于 25 日 20 时,中低层上升运动明显加强(图 5.6e,f)。

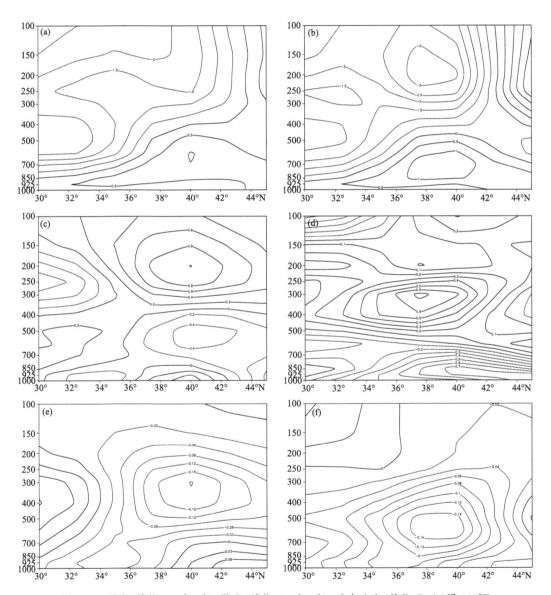

图 5.6　涡度(单位:10⁻⁵ s⁻¹)、散度(单位:10⁻⁵ s⁻¹)、垂直速度(单位:Pa/s)沿 110°E
垂直剖面(a,b 为涡度,c,d 为散度,e,f 为垂直速度)
(左列:2017 年 7 月 25 日 20 时,右列:2017 年 7 月 26 日 02 时)

山陕区间中北部上空低层为正涡度区,高层为负涡度区。低层为风场辐合区,高层为风场辐散区。整层的垂直速度场表现为一致的上升运动。此外,强降水时段内涡度、散度、垂直速度场均伴有加强的过程,这为大暴雨的产生提供了有利的动力条件。

（3）热力条件

850 hPa假相当位温(θ_{se})显示,在25日20时,自四川盆地向华北伸出一条东北—西南走向的高能舌,山陕区间中北部位于θ_{se}>350 K的高能区内,为大暴雨的产生积累了充足的能量（图5.7a）。此外,θ_{se}随高度的分布能够反映大气层结的对流性稳定情况。θ_{se}随高度升高,大气为对流稳定,反之为对流不稳定。在强降水发生时段内,雨区上空中低层始终处于对流不稳定状态,有利于对流的发展。

K指数高值区有利于产生短时强降水等对流性天气,在盛夏季节,降水多出现在K指数超过28 ℃的区域,K指数越大,则出现较大量级降水的可能性越大（赵玲 等,2013）。强降水发生时,山陕区间中北部上空处于高能舌区,K指数高达35 ℃以上（图5.7b）。

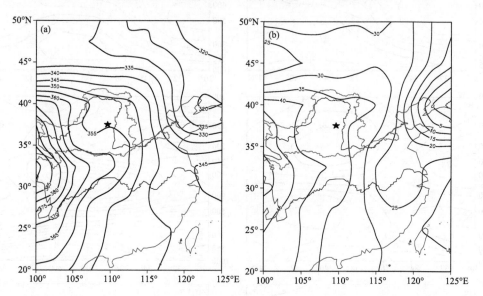

图5.7　2017年7月25日20时850 hPa假相当位温(θ_{se})分布(a)（单位:K)和K指数分布(b)（单位:℃)

综上可知,在强降水发生时段内,雨区上空处于θ_{se}和K指数的高能区,且其上空大气处于对流不稳定状态,为大暴雨的产生提供了有利的热力条件。

5.3　2021年秋汛洪水过程

5.3.1　2021年秋雨异常特征

（1）雨量和雨日

2021年黄河流域平均秋雨雨量为253.2 mm,图5.9a和图5.9b为2021年黄河流域秋雨雨量及其距平百分率的空间分布,由图5.8a可知,累计雨量大值区主要集中在山陕南部、汾河、泾渭洛河、龙三干流和三花区间,其中山陕南部、北洛河局部高达 450 mm 以上。雨量距平(图 5.8b)与图 5.8a 具有相似的分布特征,除流域北部部分地区雨量较常年同期偏少以外,其余地区均偏多,其中山陕南部、三花区间部分地区及汾河、泾渭洛河中下游、龙三干流、黄河下游大部地区偏多 2 倍以上,山陕南部、汾河局部偏多 3 倍以上。图 5.8e 给出了 2021 年秋雨雨量历史排序的空间分布,全流域共有 145 站雨量大小位列 1961 年以来同期前 5,约占总站数的 62.5%,其中 88 站位列历史最多,约占总站数的 37.9%,且站点的空间分布与累计雨量及其距平的大值区高度一致。由此可见,2021 年黄河流域秋雨雨量呈现出显著的极端性。

图 5.8c 和图 5.8d 为 2021 年黄河流域秋雨雨日及其距平百分率的空间分布,图 5.8c 显示,雨日与雨量(图 5.8a)具有明显差别,雨日大值区集中于兰州以上南部,达 32 d 以上,而黄河中游大部仅为 20~28 d。从雨日距平空间分布上看(图 5.8d),兰州以上部分地区及黄河中下游大部地区雨日较常年同期偏多,其中汾河、沁河局部及金堤河大部偏多 5 成以上。雨日历史排序空间分布见图 5.8f,由图可知,全流域仅有 11 站秋雨雨日多少位列历史同期第 4 位或第 5 位,且多分布于山陕南部及汾河。可见,2021 年黄河流域秋雨雨日的极端性明显弱于秋雨雨量。

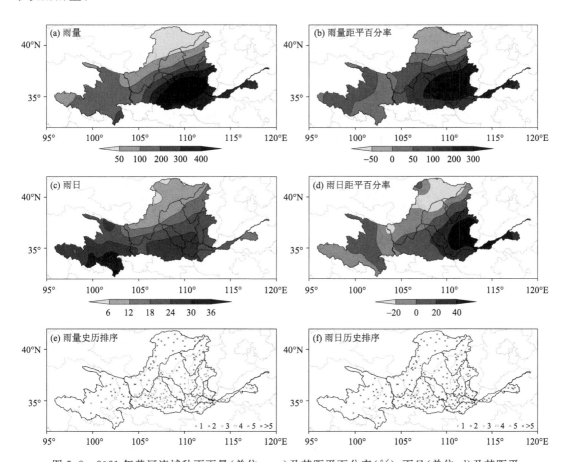

图 5.8　2021 年黄河流域秋雨雨量(单位:mm)及其距平百分率(%)、雨日(单位:d)及其距平百分率(%)以及雨量和雨日历史排序的空间分布

（2）不同量级雨量和雨日

2021年秋季各量级雨量和雨日的距平分布（图略）显示，黄河中下游大部地区各量级雨量均较常年偏多，中雨及以上量级雨日也偏多，而小雨雨日除山陕区间、汾河、三花区间及金堤河部分地区较常年偏多以外，其余地区均偏少；黄河上游仅小雨雨日偏少，而小雨雨量以及小雨和中雨雨日均偏多。

进一步统计2021年各站点不同量级雨量占秋雨总雨量的比例，并与气候均值进行对比，结果见图5.9。可知，黄河中下游地区大雨和暴雨对秋雨的贡献较大，其中山陕南部、汾河局部及沁河、黄河下游大部暴雨雨量占比在40%～50%，泾渭河中下游大雨雨量占比在40%～60%，相比而言，小雨和中雨雨量贡献较小，中雨雨量占比大多在30%以下，小雨雨量则大多在20%以下。而对于黄河上游大部地区而言，小雨和中雨雨量对秋雨的贡献较大，其中小雨的占比大多在50%以上，局部达70%以上。与气候均值相比，2021年大雨和暴雨雨量对黄河中下游秋雨的贡献异常偏大，且尤以暴雨更为突出，而小雨和中雨雨量的贡献异常偏小；黄河上游除兰托区间北部地区以外，中雨雨量贡献异常偏大，小雨雨量贡献异常偏小。图5.10展示了2021年不同量级雨日占秋雨总雨日比例以及气候均值的空间分布，可以发现，与雨量不同的是，2021年黄河中下游小雨雨日对总秋雨日数的贡献远大于中雨及其以上量级的降水，占比大多在50%～70%，而中雨和大雨雨日占比大多在10%～30%，暴雨雨日占比除山陕南部、汾河、沁河及黄河下游部分地区为10%～20%以外，其余地区均在10%以下。对于黄河上游而言，小雨雨日占比大多在70%以上，局部达90%以上，中雨雨日占比大多在10%～30%，大部分站点未出现大雨和暴雨。与气候均值相比，黄河中下游大部地区小雨雨日的贡献明显偏小，而中雨、大雨和暴雨雨日的贡献明显偏大。同样地，黄河上游大部地区小雨雨日贡献偏小，而中雨雨日贡献偏大。

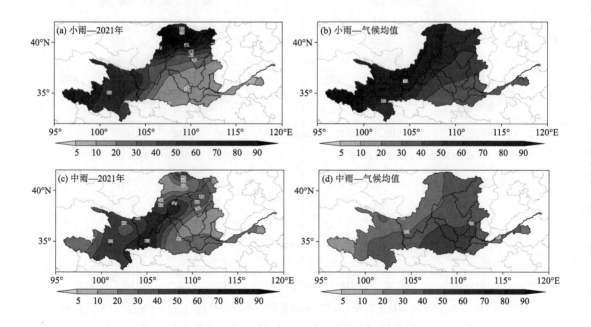

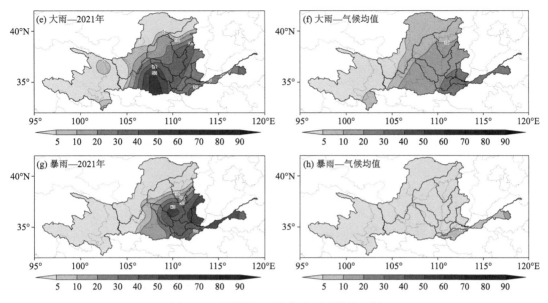

图 5.9　不同量级雨量占秋雨雨量的比例

（％，左列：2021 年，右列：气候均值）

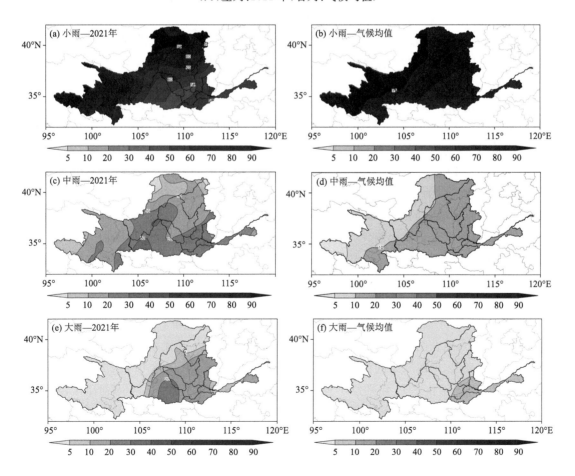

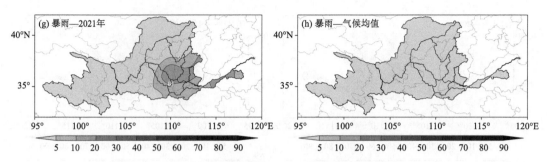

图 5.10　不同量级雨日占秋雨雨日的比例

（%，左列：2021年，右列：气候均值）

5.3.2　大气环流异常特征

（1）2021年秋季环流异常特征

图 5.11a 给出了 2021 年秋季 500 hPa 高度场及其距平分布，由图 5.11a 可知，北极极涡出现偏心结构，中心位于 150°E 附近，略偏向东半球；亚洲中高纬度高度距平场呈东正西负分布，巴尔喀什湖一带为负距平区，其东部为正距平区；低纬度为弱的正距平区，西太副高较常年明显偏西，控制江南大部地区，西伸脊点位于 95°E 附近，中心脊线位于 25°N 附近，北界位于 28°N 附近，印缅槽则较常年偏弱。在这种环流形势下，巴尔喀什湖低槽多分裂短波槽东移南下，与副高西北侧西南气流持续交汇于黄河流域南部，使秋雨异常偏多。

（2）秋雨异常年大气环流异同

进一步对比分析 2021 年秋季大气环流与其余秋雨异常年的异同，以揭示 2021 年环流异常的极端性。首先利用经验正交函数分析（EOF）挑选黄河流域异常秋雨年，而非采用面平均雨量法，这是因为面平均序列会掩盖区域特征（房一禾 等，2016）。黄河流域 1961—2021 年秋雨雨量距平 EOF 分析第一模态的方差贡献高达 64.3%，且其空间分布显示出黄河流域降水一致偏多或偏少的特征。图 5.12 为第一模态时间系数的标准化序列，由图 5.12 可知，黄河流域秋雨具有明显的年代际变化特征，20 世纪 70 年代末期以前为多秋雨期，20 世纪 70 年代末期至 90 年代末期秋雨偏少，自 2001 年之后秋雨又进入相对偏多的阶段，且 2021 年异常程度近 8σ（σ 为标准偏差），呈现出显著的极端性。挑选标准化后的时间系数大于 3 的年份作为异常偏多年，即除 2021 年以外，还有 1964 年、1975 年、1983 年、2003 年和 2011 年，并对比分析这 6 a 秋季大气环流的异同。

图 5.11b～5.11f 给出了 1964 年、1975 年、1983 年、2003 年和 2011 年秋季 500 hPa 高度场及其距平分布，结合图 5.11a 可以看出，秋雨异常年 500 hPa 环流场相同的是，中高纬西风带均为经向型环流，但西风槽的位置具有差异，1964 年、1975 年、1983 年和 2021 年位于巴尔喀什湖附近，2003 年和 2011 年则位于贝加尔湖以东地区。除了西风带环流不同以外，副高和印缅槽也具有明显差别，1964 年、1975 年、2011 年副高西伸脊点较常年异常偏东，1983 年、2003 年、2021 年则异常偏西；1964 年、1975 年印缅槽偏强，1983 年、2003 年、2011 年、2021 年则接近或弱于常年。统计各年副高、西风带环流及印缅槽环流指数的标准化序列，结

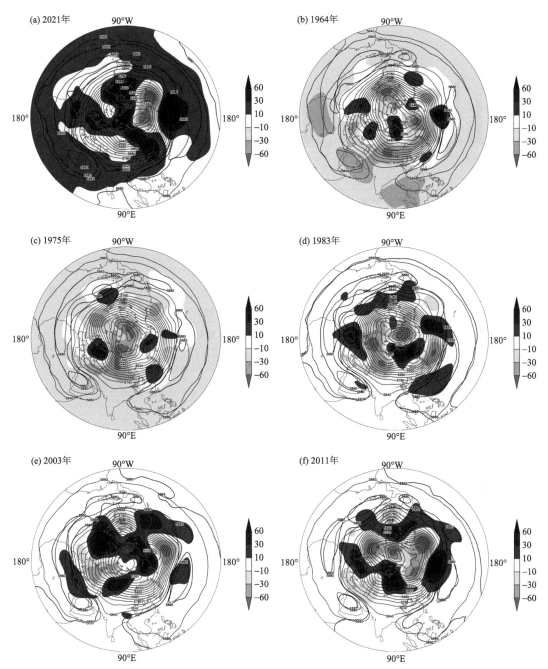

图 5.11　黄河流域秋雨异常偏多年秋季 500 hPa 高度场(实线,单位:gpm)及其距平
(阴影,单位:gpm)分布(虚线代表气候平均的 5860 gpm 和 5880 gpm 线)

果见表 5.1。可以看出,2021 年副高面积、强度和西伸脊点指数以及印缅槽强度指数均偏离气候态 1—2σ,且均为 6 a 中的最大值或最小值,而副高脊线位置及亚洲纬向环流指数的异常度较小,这表明与其余秋雨异常年相比,2021 年秋季副高面积偏大、强度偏强、西伸脊点偏西,印缅槽强度则偏弱,与韦晋等(2016)的研究结论一致。比较其余 5 个异常年可知,黄河流

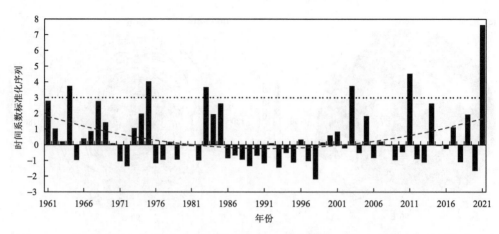

图 5.12　黄河流域 1961—2021 年秋雨雨量距平 EOF 分析第一模态的标准化时间系数序列
（长虚线代表多项式拟合，短虚线代表偏离气候态 3σ 临界线）

域秋雨异常偏多一般发生在亚洲中高纬度为经向型环流的背景下，但副高和印缅槽则表现出相反的特征，即当副高异常偏强（弱）偏西（东）时，印缅槽则异常偏弱（强）。

表 5.1　黄河流域秋雨异常偏多年秋季标准化大气环流指数

年份	副高面积	副高强度	副高脊线位置	副高西伸脊点	亚洲纬向环流	印缅槽强度
1964	−0.9	−0.7	0.6	1.6	−1.1	−5.1
1975	−1.8	−1.8	0.5	2.6	0.2	−3.8
1983	1.3	1.3	−0.8	−0.4	−1.3	−0.1
2003	1.0	1.0	−0.2	−0.6	−0.8	0.7
2011	0.8	1.1	1.9	0.9	−0.2	−0.4
2021	2.3	2.5	−0.4	−1.2	−0.3	1.4

5.4　2022 年 7 月 15 日马莲河暴雨洪水过程

5.4.1　雨水情概况

2022 年 7 月 15 日 00—12 时，泾河上游出现大到暴雨（图 5.13），局部大暴雨，个别站特大暴雨。最大累计降水量为野狐沟站（325 mm），此次过程持续时间非常短，暴雨基本由短时强降水造成，暴雨中心最大小时降水量达 106 mm/h，08—10 时连续 3 h 出现极端短时强降水（小时降水量≥50 mm）（图 5.14）。此次过程雨强大、暴雨中心范围小、局地性与突发性强。

受降水影响，泾渭河发生明显涨水过程，马莲河庆阳水文站 7 月 15 日 10 时洪峰流量5100 m³/s，为 1956 年以来最大洪峰流量，是该站设站以来第二大洪峰流量，雨落坪水文站15 日 19 时洪峰流量 4290 m³/s，是该站设站以来第三大洪峰流量，渭河干流临潼水文站于 16

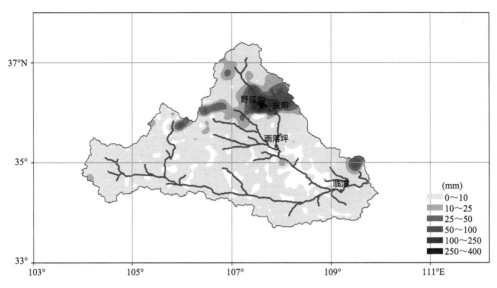

图 5.13　2022 年 7 月 15 日 00—12 时泾渭河累计降水量

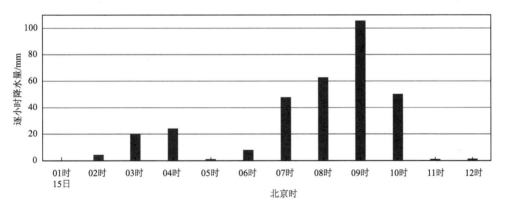

图 5.14　暴雨中心野狐沟逐小时降水量

日 19 时出现 3210 m³/s 流量,形成渭河 2022 年第 1 号洪水。

5.4.2　环流背景

2022 年 7 月 15 日 02 时,500 hPa 亚洲中纬度以经向环流为主,新疆北部到高原南侧有低压槽东移南下,槽前正涡度平流低层生成低涡。同时,副热带高压稳定少动,西脊点位于 100°E,脊线位于 30°N,来自南海的水汽沿着副高西侧北上,泾渭河流域位于副高西北侧西南气流之中,具备了良好的水汽条件和能量条件。700 hPa 上,偏南气流源源不断地向西北地区东部输送暖湿空气,遇高空低槽携带的冷空气后,在甘肃中部—陕西北部形成近似东西向切变线,泾渭河流域处于切变线南侧的南风气流内,冷暖空气强烈交汇,造成短时强降水(图 5.15)。

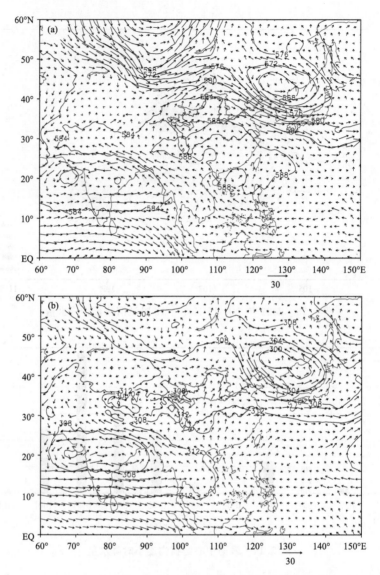

图 5.15 2022 年 7 月 15 日 02 时 500 hPa(a)、700 hPa(b)高度场(等值线，单位：dagpm)和
风场(矢量，单位：m/s)

5.4.3 物理量诊断分析

此次过程具备有利的水汽、热力和动力条件。7 月 15 日 02 时，20°N 以南南亚地区存在
一条明显的来自孟加拉湾的暖湿气流向东输送，至 110°E 后与副高西南侧的气流汇合并转向
北行，在泾河上游形成水汽辐合，辐合强度为 $-6 \times 10^{-6} \sim -4 \times 10^{-6}$ g/(hPa · cm² · s)
(图 5.16)。7 月 14 日 20 时—7 月 15 日 08 时，800 hPa 至地面，假相当位温差达 14 ℃，这表
明对流层低层为上冷下暖的不稳定层结，为强降水发生发展提供了有利的对流不稳定条件。
同时，7 月 15 日 02—14 时还表现出对流层低层增暖(600 hPa 以下)、上层变冷(400～600 hPa)

的趋势,导致对流性不稳定度进一步加大(图 5.17)。7 月 14 日 20 时起,对流层中低层垂直运动开始发展,至 7 月 15 日 02 时达到最强,最大上升区位于 $700 \sim 600$ hPa,此时散度场上表现出 600 hPa 以下辐合、600 hPa 以上辐散的特征,对应短时强降水开始,7 月 15 日 14 时以后垂直运动再次发展,但散度场上呈现出中低层由辐合转为辐散,动力条件变差不利于降水维持(图 5.18)。

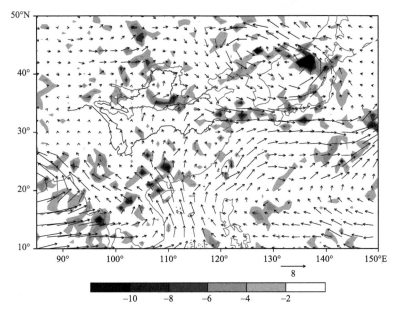

图 5.16　2022 年 7 月 15 日 02 时整层水汽通量(矢量,单位:g/(s·hPa·cm))
及水汽通量散度(填色,单位:×10^{-6} g/(hPa·cm²·s))

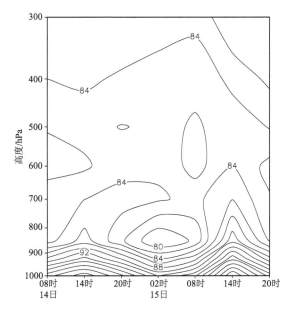

图 5.17　2022 年 7 月 14—15 日暴雨区假相当位温(单位:℃)时间—高度剖面

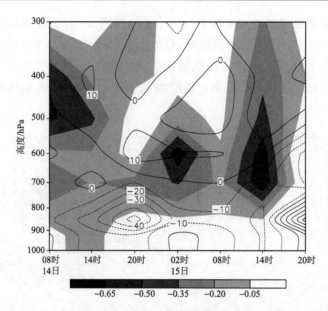

图 5.18　2022 年 7 月 14—15 日暴雨区平均水平散度(等值线,单位:×10^{-6} s^{-1})与
垂直速度(填色,单位:Pa/s)时间—高度剖面

参考文献

白晓平,成孝平,张英华,2014.西北地区中东部秋季连阴雨天气过程与环流背景诊断分析[J].安徽农业科学,42(10):3027-3029.

陈晨,李波,雷东洋,2015.长江上游流域秋季连阴雨时空变化特征[J].气象与减灾研究,38(2):22-26.

陈联寿,2007.登陆热带气旋暴雨的研究和预报[C]//第十四届全国热带气旋科学讨论会论文摘要集.上海.

陈效孟,1998.长江三峡库区秋季连阴雨的气候特征[J].四川气象(3):27-32.

丁一汇,席国跃,李一瑗,1987.黄河中游"58·7"大暴雨成因的天气学分析[J].大气科学(1):100-107.

丁治英,赵晓慧,邢蕊,等,2014.2000—2009年夏季东亚热带气旋远距离暴雨统计分析及个例的数值模拟[J].热带气象学报,30(2):229-238.

范国庆,刘静,狄艳艳,等,2017.黄河2017年第1号洪水的气象成因及洪水特性[J].人民黄河,39(12):8-13.

房一禾,龚强,赵连伟,等,2016.辽宁省秋季降水对前期海洋和大气信号的遥响应[J].气象与环境学报,32(2):37-43.

高亚军,徐十锋,吕文星,等,2022.1933年大暴雨再现后黄河产洪产沙量估算[J].人民黄河,44(11):40-43,65.

高治定,慕平,1991.黄河中游大面积日暴雨特性及其对洪水的影响[J].人民黄河(6):13-18.

郭婷婷,杨三江,2011."凤凰"暴雨物理量场诊断分析[J].海洋预报,28(5):31-35.

胡一三,王春青,赵咸榕,等,2021.黄河防汛[M].郑州:黄河水利出版社.

江益,范广洲,周定文,等,2013.四川秋季连阴雨的变化特征和时空分布[J].气象科学,33(3):316-324.

靳莉君,王春青,王鹏,等,2016.黄河流域极端降水特征分析[J].水资源与水工程学报,27(6):44-48.

刘青春,秦宁生,靳力亚,等,2007.三江源地区春夏季降水与太平洋海温的关系[J].气象科技,35(3):335-339.

任福民,杨慧,2019.1949年以来我国台风暴雨及其预报研究回顾与展望[J].暴雨灾害,38(5):526-540.

施宁,1991.长江中下游春季连阴雨的低纬环流及其低频振荡背景[J].气象科学,11(1):100-111.

苏爱芳,郑世林,1997.960917河南暴雨过程分析[J].河南气象(4):11-12.

孙照渤,黄艳艳,倪东鸿,2016.我国秋季连阴雨的气候特征及大气环流特征[J].大气科学学报,39(4):480-489.

唐佑民,1992.我国西北夏季降水异常与太平洋海温季节演变的关系[J].地理学报,47(5):419-429.

田永丽,曹杰,2004.亚洲地面气温异常对中国汛期雨带位置的影响研究[J].高原气象,23(3):339-343.

王澄海,王式功,杨德保,等,2002.中国西北春季降水与太平洋海温相关特征的研究[J].热带气象学报,18(4):374-382.

王春青,彭梅香,张荣刚,等,2004.2003年黄河流域汛期天气成因分析[J].人民黄河,26(1):17-19.

王晖,隆霄,马旭林,等,2013.近50a中国西北地区东部降水特征[J].干旱区研究,30(4):712-718.

王荣,邹旭恺,2015.长江中下游地区连阴雨变化特征分析[J].长江流域资源与环境,24(9):1483-1490.

韦晋,苏志重,蒋艳蓉,等,2016.夏季印缅槽年际变化及其影响机制探究[C]//中国气象学会.中国气象学会第33届年会.西安.

魏锋,王劲松,2010.中国西北地区 7—9 月上旬降水与北太平洋海温异常的关系[J].干旱气象,28(4): 396-400.

魏向阳,赵龙,2021.2021 年黄河流域水旱灾害防御工作回顾[J].中国防汛抗旱,31(12):16-18,56.

吴仁广,陈烈庭,1994.长江中下游地区梅雨降水与全球 500 hPa 环流的关系[J].大气科学,18(6):691-700.

吴学勤,吕光圻,唐君璧,1982.黄河三花区间水文概况[J].水文(1):53-57.

项瑛,程婷,王可法,等,2011.江苏省连阴雨过程时空分布特征分析[J].气象科学,31(增刊):36-39.

肖志强,吴巧娟,樊明,等,2014.长江上游陇南山区连阴雨时空演变气候特征与灾害风险区划[J].长江流域资源与环境,23(Z1):165-170.

徐慧,管蓓,薛艳,等,2015.青海省近 50 年降水集中性的时空变化特征研究[J].水电能源科学,33(3):6-9.

闫军,王黎娟,纪晓玲,等,2020.影响宁夏的热带气旋远距离暴雨特征和预报概念模型[J].热带气象学报,36(1):32-41.

姚文艺,侯素珍,郭彦,等,2018.陕北绥德县、子洲县城区 2017 年"7·26"暴雨致灾成因分析[J].中国防汛抗旱,28(9):27-32,49.

张红岩,于中华,程俊英,等,2008.2007 年 8 月 10—12 日青岛地区特大暴雨过程分析[J].海洋湖沼通报(2):1-7.

张金萍,张航,2022.黄河流域降水时空演变规律研究[J].中国农村水利水电(3):60-68.

张利娜,张荣刚,李珠,等,2013.黄河中游"7·27"暴雨过程的物理量诊断分析[J].人民黄河,35(6):15-17.

张荣刚,靳莉君,芦璐,等,2018.2017 年秋季黄河源区连阴雨成因分析[J].人民黄河,40(5):7-11.

张宇,李耀辉,王式功,等,2014.中国西北地区旱涝年南亚高压异常特征[J].中国沙漠,34(2):535-541.

张志红,王宝玉,李伟佩,等,2000.黄河"58·7"与"82·8"暴雨洪水关系分析[J].人民黄河(11):28-30.

赵静,严登华,鲁帆,等,2014.1961—2010 年黄淮海地区热带气旋暴雨特征研究[J].南水北调与水利科技,12(2):1-5,10.

赵玲,李树岭,王安娜,等,2013.K 指数在黑龙江省晴雨预报中的应用[J].气象与环境学报,29(6):145-149.

赵玉春,周月华,2002.三峡地区连阴雨气候特征分析[J].湖北气象(4):3-6.

朱炳瑗,李栋梁,1991.热带太平洋海温与中国西北夏季降水的关系[J].气象学报,49(3):21-28.

朱理国,刘明宽,1993.丹江口水库流域秋季连阴雨天气分析与预报[J].湖北气象(Z1):17-18.

朱乾根,林锦瑞,寿绍文,等,2003.天气学原理和方法[M].北京:气象出版社.

朱盛明,1991.长江中下游春季连阴雨、连晴天气研究[J].气象,17(5):20-28.

邹旭恺,张强,叶殿秀,2005.长江三峡库区连阴雨的气候特征分析[J].灾害学,20(1):84-89.